全国二级造价工程师考试辅导用书

二级造价师通关宝典
——基础知识篇

广联达课程委员会　编著

中国建筑工业出版社

图书在版编目（CIP）数据

二级造价师通关宝典．基础知识篇／广联达课程委
员会编著．—北京：中国建筑工业出版社，2020.8
全国二级造价工程师考试辅导用书
ISBN 978-7-112-25372-2

Ⅰ．①二… Ⅱ．①广… Ⅲ．①建筑造价管理—资格考
试—自学参考资料 Ⅳ．①TU723.3

中国版本图书馆CIP数据核字（2020）第150457号

　　本书依照考试大纲及教材对二级造价工程师考试中的基础知识科
目进行讲解，将教材内容进行系统化梳理，以思维导图、图表等为主
要表现形式，结构清晰，一目了然。

　　本书主要内容包括工程造价管理相关法律法规与制度、工程项目
管理、工程造价构成、工程计价方法及依据、工程决策和设计阶段造
价管理、工程施工招投标阶段造价管理、工程施工和竣工阶段造价管
理七部分，可供参加全国二级造价工程师执业资格考试的考生及相关
专业人士参考使用。

责任编辑：李　慧
版式设计：锋尚设计
责任校对：张惠雯

全国二级造价工程师考试辅导用书
二级造价师通关宝典——基础知识篇
广联达课程委员会　编著
＊
中国建筑工业出版社出版、发行（北京海淀三里河路9号）
各地新华书店、建筑书店经销
北京锋尚制版有限公司制版
北京圣夫亚美印刷有限公司印刷
＊
开本：787毫米×1092毫米　1/16　印张：15¼　字数：344千字
2021年3月第一版　　2021年3月第一次印刷
定价：**56.00**元
ISBN 978-7-112-25372-2
　　　　（36320）

本书编委会

主 任 委 员：梁　晓

副主任委员：郭玉荣

主　　　编：梁丽萍　杜作雨亮　张占新

编　　　委：（按照姓氏笔画排序）

　　　　　　刘　丹　李　维　张　丹　张　睿　袁聪聪　蒋加英　简劲偲　戴世新

序　言

　　造价工程师职业资格制度是我国工程造价管理的主要制度之一。2016年12月，人力资源社会保障部按照国务院的要求公布了《国家职业资格目录清单》，其中，专业技术人员职业资格58项，造价工程师资格位列其中，类别为准入类，即国家行政许可范畴。2018年7月住房和城乡建设部、交通运输部、水利部、人力资源社会保障部共同发布了《关于印发〈造价工程师职业资格制度规定〉〈造价工程师职业资格考试实施办法〉的通知》（建人〔2018〕67号）。通知明确：国家设置造价工程师准入类职业资格。工程造价咨询企业应配备造价工程师；工程建设活动中有关工程造价管理岗位按需要配备造价工程师。造价工程师分为一级造价工程师和二级造价工程师。住房和城乡建设部、交通运输部、水利部、人力资源社会保障部共同制定造价工程师职业资格制度，并按照职责分工负责造价工程师职业资格制度的实施与监管。各省、自治区、直辖市住房和城乡建设、交通运输、水利、人力资源社会保障行政主管部门，按照职责分工负责本行政区域内造价工程师职业资格制度的实施与监管。这两个文件，构建了造价工程师职业资格的制度基础，也使在去行政化的大背景下，造价工程师职业资格制度的含金量进一步提高。

　　2019年，住房和城乡建设部、交通运输部、水利部，又共同发布了经人力资源社会保障部审定的《全国二级造价工程师职业资格考试大纲》，至此二级造价工程师职业资格制度全面落地，各地也陆续开始编制职业资格考试辅导教材，部分省份也进行了首次考试，取得了非常好的效果。本人有幸参与了制度建设，中国建设工程造价管理协会《建设工程造价管理基础知识》和部分省份《建设工程计量与计价实务》科目的审定工作，深感各地对二级造价工程师职业资格考试的重视和高度负责。

　　广联达公司应社会及市场需要，按照《全国二级造价工程师职业资格考试大纲》编制了《建设工程造价管理基础知识》和部分省份《建设工程计量与计价实务》（土木建筑工程、安装工程）3本辅导教材，并送我审阅。我深感这个辅导教材确实凝聚了编制人员的智慧与辛劳。一是辅导教材是在吃透《全国二级造价工程师职业资格考试大纲》要求的基础上编制的，符合大纲要求；二是辅导教材以思维导图、图表等为主要表现形式，结构清晰，一目了然，特别适合工程人员全面理解与掌握，可以减少大家系统理解和记忆的时间，对考试是有益的；三是这套辅导教材也可以作为知识性读本供从事设计、施工、咨询的工程造价专业人员日常参考。

但是，本人依然要强调，对于二级造价工程师职业资格考试，任何一个考生要首先把握大纲的要求，然后选择适用或指定的辅导教材进行学习，最后，通过本辅导教材来梳理知识体系，强化记忆。

预祝考生们考出好的成绩！

吴佐民

　　二级造价师是近年国家推出的新证书，满足了造价师证书级别中的初中级证书需求，这对广大初中级造价人员来说是一个利好消息。广联达课程委员会在了解广大考生的需求后，精心策划编写了本套辅导书，旨在帮助二级造价师备考人员梳理并巩固教材重点内容。

　　本书通过以下四种考证类高效复习方法帮助广大考生缩短学习时间，精准记忆考点、延长记忆周期，增加通过几率。

　　1. 表格划线法——通过表格表现形式将教材中的全部内容梳理出来，去掉非重点和串讲内容，直接以表格排比、对比等形式罗列重点考点，并将其中的"重点字句"标为蓝色，可以明确地看到重点。这种方法逻辑清晰，重点明确，容易记忆，缩短了考生们自己梳理总结的时间。

　　2. 思维导图法——学习完表格内容之后，知识点后紧跟一张思维导图，用于对知识点的快速复习，有利于考生对每个大知识点的整体框架的把握，做到心中有数，对每一节中有几个知识点和考点一目了然，方便回顾温习，延长了考生对已学知识点的记忆周期。

　　3. 同步习题法——俗话说"光学不练假把式"，因此本辅导书在每一个大知识点后都有相应的同步练习题，均为经典题型，让考生们得以及时练习所学知识点，巩固和运用知识点，明白考试中是如何出题的。每道题均配有详细的解析，让考生们在解析中明白选择正确答案的理由，知道出题老师一般会在哪些地方"挖坑"，从而避免"掉坑"，增加考生们的考试通过几率。

　　4. 本地案例法——针对地区差异内容，我们联合各地区造价领域内的资深专家针对各地区清单计量和定额组价部分共同研发了各地区定制案例（正文扫码获取）。案例题有题目背景、图纸并以各地区的定额规则进行计算解析，帮助考生反复练习熟悉做题思路及答题方法，使考生对二级造价师考试中占比较大的案例部分有比较准确的理解，进一步增加考生们的考试通过几率。

　　以上方法可以使考生从了解到掌握再到深入运用知识点答对题，循序渐进，反复加深记忆。为了帮助广大考生更好地学习，我们专设了反馈通道，如您发现本书有误之处请扫描右侧二维码反馈问题，编委会将及时勘误！

广联达立足建筑产业20余年，一直秉承服务面对面，承诺心贴心的服务理念，坚持为客户提供及时、专业、贴心的高品质服务。广联达课程委员会，一个为用户而生的异地虚拟组织，成立于2018年3月，它汇聚全国各省市二十余位广联达特一级讲师及实战经验丰富的专家讲师，秉承专业、担当、创新、成长的文化理念，怀揣着"打造建筑人最信赖的知识平台"的美好愿望，肩负"做建筑行业从业者知识体系的设计者与传播者"的使命，以"建立完整课程体系，打造广联达精品课程，缩短用户学习周期，缩短产品导入周期"为职责，用心做精品、专业助成长。

为搭建专业的讲师团队，广联达课程委员会制定严格的选拔机制，选取全国专业能力最强、实战经验最丰富的顶尖服务人员，对他们统一形象、统一包装提高广联达品牌知名度，并制定了一套行之有效的培养管理体系。

广联达课程委员会不断研究用户学习场景、探索实际业务需求，经过20多名成员的共同努力，无数版本的实战迭代，搭建出了一套线上、线下、书籍三位一体的广联达培训课程体系，围绕了解-会用-用好-用精4个学习阶段针对不同阶段的用户开展不同的课程，录播推出认识系列、玩转系列、高手系列、精通系列课程，打造"新品速递""实战联盟""高手秘籍""案例说"等爆款直播栏目，覆盖30余万人次，缩短用户学习长成周期，提高工作效率。

成立两年来，广联达课程委员会一直保持高标准、严要求，每个课件的出炉，都要经历3次以上定位、框架、内容的评审，输出全套的课程编制表说明书、课件PPT、讲师手册、学员手册、课程案例、课程考题资料，再通过3次以上试讲，才能与用户见面。每年仅仅2~3次5天的集中内容生产，委员会生产了83套共4个阶段的课程，内容涉及土建、安装、装饰、市政、钢构等各大专业，为用户提供了丰富的学习内容，得到用户的广泛认可。

为了让用户能够更加便捷地获取知识，课程委员会在传播渠道上继续找寻新的突破口，

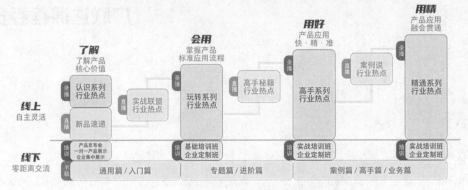

广联达培训课程体系

深入研究各类业务场景，开始尝试编制书籍，2018年底的内部资料《高手秘籍》《案例说》合集，一经出炉即被抢空，两个月线上观看10万余人次。2019年与中国建筑工业出版社合作，出版正式书籍《广联达算量应用宝典——土建篇》，2个月销售量3万册，跻身畅销书行列，成为广大造价人员手中的一本备查手册，并且搭建了工程造价人员必备工具丛书体系，2020年将不断完善，持续输出5本书籍，让无论处在哪个学习阶段的造价人，都可以找到自己合适的内容。

广联达课程委员会是一支敢为人先的专业团队，一支不轻言弃的信赖团队，一支担当和成长并驱的创新团队，经过两年的运作，在分支的支持和产品线的配合下，共输出5个体系化方法论、2本内部刊物、1本广联达算量应用宝典书籍以及20多份标准制度流程，生产内容覆盖用户60万人，得到了用户的认可。课程委员会的努力不仅提高了用户学习效率、缩短了学习周期，也树立了广联达公司的专业品牌形象，培养了一批专业人才。

通往梦想的路还很漫长，肩负的使命从不忘却，广联达课程委员会不忘初心、砥砺前行，2020年邀请8名具有丰富实战经验的业务专家加入，与广联达共同生产行业专业课程、造价人员职业规划课程、职业考试资质辅导等课程，梳理知识体系，搭建用户岗位级的学习知识地图，为广大造价从业者提供最便利最快捷的学习路径。

目录

第一章 工程造价管理相关法律法规与制度 001

  第一节 工程造价管理相关法律法规 002

    1.1.1 《建筑法》及相关条例 002

    1.1.2 《招标投标法》及其实施条例 008

    1.1.3 《政府采购法》及其实施条例 016

    1.1.4 《合同法》相关内容 019

    1.1.5 《价格法》相关内容 029

    1.1.6 最高人民法院司法解释有关要求 030

  第二节 工程造价管理制度 034

    1.2.1 工程造价咨询企业管理 034

    1.2.2 造价工程师职业资格管理 036

第二章 工程项目管理 041

  第一节 工程项目管理概述 042

    2.1.1 工程项目的组成与分类 042

    2.1.2 工程建设程序 043

    2.1.3 工程项目管理目标和内容 047

  第二节 工程项目实施模式 049

    2.2.1 项目融资模式 049

    2.2.2 业主方项目组织模式 052

    2.2.3 项目承发包模式 054

第三章 工程造价构成 057

  第一节 概述 058

3.1.1 工程造价的含义 058

3.1.2 各阶段工程造价的关系和控制 058

3.1.3 完善工程全过程造价服务的主要任务和措施...............059

第二节 建设项目总投资及工程造价 060

3.2.1 建设项目总投资的含义 060

3.2.2 建设项目总投资的构成 060

3.2.3 建设项目总投资相关名词解释 061

第三节 建筑安装工程费 062

3.3.1 按费用构成要素划分 062

3.3.2 按造价形成划分建筑安装工程费用项目组成...............066

第四节 设备及工器具购置费 070

3.4.1 设备购置费 070

3.4.2 工器具及生产家具购置费 073

第五节 工程建设其他费用 075

3.5.1 建设用地费 075

3.5.2 与项目建设有关的其他费用 077

3.5.3 与未来生产经营有关的其他费用 078

第六节 预备费和建设期利息 080

3.6.1 预备费 080

3.6.2 建设期利息 081

第四章 工程计价方法及依据 083

第一节 工程计价方法 084

4.1.1 工程计价的基本方法 084

4.1.2 工程定额计价 084

4.1.3 工程量清单计价 086

第二节 工程计价依据的分类 088

4.2.1 工程计价依据体系 088

4.2.2 工程计价依据的分类 088

第三节 预算定额、概算定额、概算指标、投资估算指标

和造价指标 089

       4.3.1   预算定额 089

       4.3.2   概算定额 091

       4.3.3   概算指标 093

       4.3.4   投资估算指标 093

       4.3.5   工程造价指标 094

  第四节   人工、材料、机具台班消耗量定额 097

       4.4.1   劳动定额 097

       4.4.2   材料消耗定额 098

       4.4.3   施工机具台班定额 099

  第五节   人工、材料、机具台班单价及定额基价 102

       4.5.1   人工单价 102

       4.5.2   材料单价 102

       4.5.3   施工机具台班 103

       4.5.4   定额基价 105

  第六节   建筑安装工程费用定额 108

       4.6.1   建筑安装工程费用定额的编制原则 108

       4.6.2   企业管理费与规费费率的确定

             （以企业管理费为例讲解）..................................108

       4.6.3   利润 109

       4.6.4   增值税 109

  第七节   工程造价信息及应用 110

       4.7.1   工程造价信息及其主要内容 110

       4.7.2   工程造价指数 111

       4.7.3   工程计价信息的动态管理 111

       4.7.4   信息技术在工程造价计价与计量中的应用 112

       4.7.5   BIM技术与工程造价 112

第五章 **工程决策和设计阶段造价管理** 115

  第一节   概述 116

       5.1.1   工程决策和设计阶段造价管理的工作内容 116

       5.1.2   工程决策和设计阶段造价管理的意义 116

5.1.3　工程决策阶段影响造价的主要因素 116

5.1.4　建设项目可行性研究及其对工程造价的影响 118

5.1.5　设计方案的评价、比选及其对工程造价的影响 119

第二节　投资估算的编制 121

5.2.1　投资估算的概念及作用 121

5.2.2　投资估算的内容及依据 122

5.2.3　投资估算的编制方法 122

5.2.4　投资估算的文件组成 128

5.2.5　投资估算的编制实例（略）..128

5.2.6　投资估算的审核 128

第三节　设计概算的编制 129

5.3.1　设计概算的概念及作用 129

5.3.2　设计概算编制内容及依据 130

5.3.3　设计概算的编制方法 131

5.3.4　设计概算文件的组成 135

5.3.5　设计概算的审查 135

5.3.6　设计概算的调整 136

第四节　施工图预算的编制 137

5.4.1　施工图预算的概念与作用 137

5.4.2　施工图预算编制内容及依据 139

5.4.3　施工图预算的编制方法 139

5.4.4　施工图预算的文件组成 140

5.4.5　施工图预算的审查 140

第六章　工程施工招投标阶段造价管理 143

第一节　施工招标方式和程序 144

6.1.1　招标投标的概念 144

6.1.2　我国招投标制度概述 144

6.1.3　工程施工招标方式 145

6.1.4　工程施工招标组织形式 145

6.1.5　工程施工招标程序 146

第二节　施工招投标文件组成 147

　　6.2.1　施工招标文件的组成 147

　　6.2.2　施工投标文件的组成 150

第三节　施工合同示范文本 152

　　6.3.1　《建设工程施工合同（示范文本）》概述 152

　　6.3.2　《建设工程施工合同（示范文本）》的主要特点 153

　　6.3.3　《建设工程施工合同（示范文本）》的主要内容 153

第四节　工程量清单编制 167

　　6.4.1　工程量清单编制概述 167

　　6.4.2　分部分项工程量清单 169

　　6.4.3　措施项目清单 172

　　6.4.4　其他项目清单 173

　　6.4.5　规费、增值税项目清单 176

第五节　最高投标限价的编制 176

　　6.5.1　最高投标限价概述 176

　　6.5.2　最高投标限价的编制规定与依据 177

　　6.5.3　最高投标限价的编制内容 178

　　6.5.4　最高投标限价的确定 179

第六节　投标报价编制 180

　　6.6.1　投标报价编制的原则与依据 180

　　6.6.2　投标报价的前期工作 181

　　6.6.3　询价与工程量复核 182

　　6.6.4　投标报价的编制方法和内容 184

第七章　工程施工和竣工阶段造价管理 189

第一节　工程施工成本管理 190

　　7.1.1　施工成本管理流程 190

　　7.1.2　施工成本管理内容 190

第二节　工程变更管理 199

　　7.2.1　工程变更的范围 199

7.2.2 工程变更权 199

7.2.3 工程变更工作内容 200

第三节 工程索赔管理 203

7.3.1 工程索赔产生的原因 203

7.3.2 工程索赔的分类 203

7.3.3 工程索赔的结果 204

7.3.4 索赔的依据和前提条件 205

7.3.5 工程索赔的计算 205

第四节 工程计量和支付 209

7.4.1 工程计量 209

7.4.2 预付款及期中支付 210

第五节 工程结算 212

7.5.1 工程竣工结算的编制和审核 212

7.5.2 竣工结算款的支付 215

7.5.3 合同解除的价款结算与支付 216

7.5.4 最终结清 217

7.5.5 工程质量保证金的处理 217

第六节 竣工决算 220

7.6.1 竣工决算的概念 220

7.6.2 竣工决算的内容 220

7.6.3 竣工决算的编制 221

7.6.4 竣工决算的审核 223

7.6.5 新增资产价值的确定 223

第一章

工程造价管理相关法律法规与制度

第一节　工程造价管理相关法律法规

第二节　工程造价管理制度

1.1.1 《建筑法》及相关条例

1. 建筑法及相关内容

（1）建筑许可

<table>
<tr><td rowspan="11">施工许可</td><td>办理时间</td><td colspan="2">开工前</td></tr>
<tr><td>办理人</td><td colspan="2">建设单位</td></tr>
<tr><td>办理机关</td><td colspan="2">工程所在地县级以上人民政府建设行政主管部门，申请之日起15日颁发</td></tr>
<tr><td>具备条件</td><td colspan="2">①已办理建筑工程用地批准手续；
②依法应当办理建设工程规划许可证的，已经取得建设工程规划许可证；
③需要拆迁的，其拆迁进度符合施工要求；
④已经确定建筑施工企业；
⑤有满足施工需要的资金安排、施工图纸及技术资料；
⑥有保证工程质量和安全的具体措施。</td></tr>
<tr><td rowspan="5">许可时限</td><td>领取施工许可证后开工时间</td><td>3个月内</td></tr>
<tr><td>开工延期时间</td><td>3个月（可延期两次）</td></tr>
<tr><td>中止施工，提出报告的时间</td><td>1个月内</td></tr>
<tr><td>中止施工后需核验施工许可证的</td><td>1年以上</td></tr>
<tr><td>因故不能开工需要重新办理开工报告</td><td>超过6个月</td></tr>
</table>

<table>
<tr><td rowspan="4">从业资格</td><td rowspan="2">单位资质</td><td>单位：从事建筑活动的施工单位、勘察单位、设计单位、监理单位。</td></tr>
<tr><td>资质：按其拥有的注册资本、专业技术人员、技术装备、已完成的建筑工程业绩等资质条件，划分为不同的资质等级</td></tr>
<tr><td rowspan="2">专业技术人员资格</td><td>人员：从事建筑活动的专业技术人员</td></tr>
<tr><td>资格：依法取得相应执业资格证书，并在执业资格证书许可的范围内从事建筑活动</td></tr>
</table>

（2）建筑工程发包与承包

1）建筑工程发包

发包方式	建筑工程依法实行招标发包，不适于招标发包的也可以直接发包。 政府及其所属部门不得限定发包单位将招标发包的建设工程发包给指定的承包单位

禁止行为	①提倡对建筑工程实行总承包，禁止将建筑工程肢解发包。 ②建筑工程的发包单位可以将建筑工程的勘案、设计、施工、设备采购一并发包给一个工程总承包单位（不包含监理），不得肢解发包给几个承包单位。 ③按合同约定，建筑材料、建筑构配件和设备由工程承包单位采购的，发包单位不得指定承包单位购入用于工程的建筑材料、建筑构配件和设备或者指定生产厂、供应商

2）建筑工程承包

承包资质	承包企业应持有资质证书，在资质等级许可的业务范围内承揽工程
联合承包	共同承包的各方对承包合同的履行承担连带责任。两个以上不同资质等级的单位实行联合共同承包的，应当按照资质等级低的单位的业务许可范围承揽工程
工程分包	①施工总承包的，建筑工程主体结构的施工必须由总承包单位自行完成 ②除总承包合同中已约定的分包外，必须经建设单位认可 ③按合同，总承包对建设单位负责，分包对总承包负责，总承包和分包对建设单位承担连带责任
禁止行为	①禁止承包单位将其承包的全部建筑工程转包给他人，或将其承包的全部建筑工程肢解以后以分包的名义分别转包给他人。 ②禁止将工程分包给不具备资质条件的单位。 ③禁止分包单位将其承包的工程再分包

3）建筑工程监理

依据	法律法规、工程建设标准、勘察设计文件及合同	
内容	对建设工程质量、建设工期、建设资金使用等方面，代表建设单位实施的监督管理活动	
要求	实施监理前，建设单位应当将委托的工程监理单位、监理的内容及监理权限，书面通知被监理的建筑施工企业	
问题界定	设计问题	工程设计不符合建筑工程质量标准或者合同约定的质量要求的，应当报告建设单位要求设计单位改正
	施工问题	工程施工不符合工程设计要求、施工技术标准和合同约定的，有权要求建筑施工企业改正

4）建筑安全生产管理

对设计要求	"坚持安全第一、预防为主的方针，建立健全安全生产的责任制度和群防群治制度。"设计应符合建筑安全规程和技术规范
对施工组织设计要求	施工组织设计，应根据建筑工程特点制定安全技术措施；专业性较强的项目，应编制专项安全施工组织设计，并采取安全技术措施
现场安全	施工现场安全由建筑施工企业负责
	实行施工总承包的，由总承包单位负责。分包单位向总承包单位负责，服从总承包单位的安全生产管理

保险	建筑施工企业应当依法为职工参加工伤保险缴纳工伤保险费。鼓励企业为从事危险作业的职工办理意外伤害保险，支付保险费 （记忆：应当缴纳工伤保险，鼓励办理意外保险）

5）建筑工程质量管理

勘察、设计单位	①建筑工程的勘察、设计单位必须对其勘察、设计的质量负责。勘察、设计文件应当符合有关法律、行政法规的规定和建筑工程质量、安全标准，建筑工程勘察、设计技术规范以及合同的约定。 ②设计文件选用的建筑材料、建筑构配件和设备，应当注明其规格、型号、性能等技术指标，质量必须符合国标。建筑设计单位对设计文件选用的建筑材料、建筑构配件和设备，不得指定生产、供应商
建筑施工企业	①建筑施工企业对工程的施工质量负责。建筑施工企业必须按图和标准施工，不得偷工减料。 ②工程设计的修改由原设计单位负责，建筑施工企业不得擅自修改工程设计。 ③建筑施工企业必须按照工程设计要求、施工技术标准和合同的约定，对建筑材料、构配件和设备进行检验，不合格的不得使用
竣工验收	交付竣工验收的建筑工程，必须符合规定的建筑工程质量标准，有完整的工程技术经济资料和经签署的工程保修书，并具备国家规定的其他竣工条件
质量保修	建筑工程实行质量保修制度。保修期限应当按照保证建筑物合理寿命年限内正常使用，维护使用者合法权益的原则确定

2.《建设工程质量管理条例》相关内容

（1）建设单位的质量责任和义务

①将工程发包给具有相应资质等级的单位。

②不得肢解发包；不得迫使承包人低于成本价的价格竞标，不得压缩合理工期。

③不得明示或暗示设计单位或施工单位违反工程建设强制性标准，降低建设工程质量

（2）施工单位的质量责任和义务

工程施工	①施工单位必须按照工程设计图纸和施工技术标准施工，不得修改工程设计，不得偷工减料。 ②施工单位在施工过程中发现设计文件和图纸有差错的，应当及时提出意见和建议
质量检验	①施工单位必须按照工程设计要求、施工技术标准和合同约定，对建筑材料、建筑构配件、设备和商品混凝土进行检验，检验应当有书面记录和专人签字。 ②未经检验或者检验不合格的，不得使用

（3）工程监理单位的质量责任和义务

①应当选派具备相应资格的总监理工程师和监理工程师进驻施工现场。

②应按照监理规范的要求，采用旁站、巡视和平行检验等形式，进行工程监理

（4）工程质量保修

质量 保修书	出具 主体	承包单位向建设单位提交工程竣工验收报告时，应向建设单位出具质量保修书
	保修书 内容	明确建设工程的保修范围、保修期限和保修责任等。 建设工程的保修期，自竣工验收合格之日起计算
建设工程最低 保修期限		①基础设施工程、房屋建筑的地基基础工程和主体结构工程，为设计文件规定的该工程合理使用年限。 ②屋面防水工程、有防水要求的卫生间、房间和外墙面的防渗漏，为5年。 ③供热与供冷系统，为2个采暖期、供冷期。 ④电气管道、给排水管道、设备安装和装修工程，为2年。其他工程的保修期限由发包方与承包方约定（记忆：基主合，防2，供2期，电水设装2）

（5）工程竣工验收备案

验收备案时限	建设单位应当自建设工程竣工验收合格之日起15日内报建设行政主管部门或者其他有关部门备案
备案内容	建设工程竣工验收报告和规划、公安消防、环保等部门出具的认可文件或者准许使用文件

3.《建设工程质量管理条例》相关内容

（1）建设单位的安全责任

应当向施工单位提供施工现场及毗邻区域内地下管线资料，气象和水文观测资料，相邻建筑物和构筑物、地下工程的有关资料，并保证资料的真实、准确、完整。

建设单位在编制工程概算时，应当确定建设工程安全作业环境及安全施工措施所需费用。

（2）施工单位的安全责任

安全生产 责任制度	施工单位主要负责人依法对本单位的安全生产工作全面负责。施工单位应当建立健全安全生产责任制度，制定安全生产规章制度和操作规程，保证本单位安全生产条件所需资金的投入（记忆：谁施工，谁负责安全）
安全生产 管理费用	施工单位对列入建设工程概算的安全作业环境及安全施工措施所需费用，应当用于施工安全防护用具及设施的采购和更新、安全施工措施的落实、安全生产条件的改善，不得挪作他用
施工现场 安全管理	施工单位应当设立安全生产管理机构，配备专职安全生产管理人员。 发现安全事故隐患，应当及时向项目负责人和安全生产管理机构报告；对违章指挥、违章操作应当立即制止（记忆：隐患要报告，违章要制止）
安全生产 教育培训	施工单位的主要负责人、项目负责人、专职安全生产管理人员应当经建设行政主管部门或者其他有关部门考核合格后方可任职。垂直运输机械作业人员、安装拆卸工、爆破作业人员、起重信号工、登高架设作业人员等特种作业人员，必须按照国家有关规定经过专门的安全作业培训，并取得特种作业操作资格证书后，方可上岗作业

安全技术措施和专项施工方案	施工单位应当在施工组织设计中编制安全技术措施和施工现场临时用电方案。达到一定规模的危险性较大的分部分项工程编制专项施工方案，并附具安全验算结果。 ①基坑支护与降水工程； ②土方开挖工程； ③模板工程； ④起重吊装工程； ⑤脚手架工程； ⑥拆除爆破工程。（记忆：六项危险大——编专项方案，做安全验算） 经施工单位技术负责人、总监理工程师签字后实施；专职安全生产管理人员现场监督。其中深基坑、地下暗挖、高大模板的专项施工方案，应组织专家论证 （记忆：深、地、高——专家论证）
施工现场安全防护	施工单位应当在施工现场入口处、施工起重机械、临时用电设施、脚手架、出入通道口、楼梯口、电梯井口、孔洞口、桥梁口、隧道口、基坑边沿、爆破物及有害危险气体和液体存放处等危险部位，设置明显的符合国家标准的安全警示标志。施工单位应当在施工现场采取相应的安全施工措施。（记忆：危险区域：口、重、电、架、沿、爆、害） 暂时停止施工时，施工单位应当做好现场防护，所需费用由责任方承担，或者按照合同约定执行

（3）生产安全事故的应急救援和调查处理

生产安全事故应急救援	县级以上地方人民政府建设行政主管部门应当根据本级人民政府的要求，制定本行政区域内建设工程特大生产安全事故应急救援预案。 施工单位应当制定应急救援预案，建立应急救援组织或者配备应急救援人员
生产安全事故调查处理	施工单位发生生产安全事故，应当按照规定，及时、如实地向负责安全生产监督管理的部门、建设行政主管部门或者其他有关部门报告；特种设备发生事故的，还应当同时向特种设备安全监督管理部门报告。接到报告的部门应当按照国家有关规定，如实上报。实行施工总承包的建设工程，由总承包单位负责上报事故

☑ 习题及答案解析

一、习题

❶【单选】根据《建设工程质量管理条例》，设计文件中选用的材料、构配件和设备，应当注明（　　）。

 A. 生产厂   B. 规格和型号 C. 供应商   D. 使用年限

❷【单选】《建筑法》规定，建设单位应当自领取施工许可证之日起（　　）个月内开工，因故不能按期开工的，应向发证机关延期申请；延期以（　　）次为限，每次不得超过3个月。

 A. 1；2   B. 2；3   C. 3；2   D. 4；3

❸【单选】正常使用条件下，建设工程最低保修期限为（　　）。

A. 屋面防水工程，保修3年　　　　　B. 卫生间防水，保修5年

C. 供热与供冷系统，保修3年　　　　D. 电气、排水管线，保修3年

❹ 【单选】建设单位应当自建设工程竣工验收合格之日起（　　）日内，将建设工程竣工验收报告和规划、公安消防、环保等部门出具的认可文件或者准许使用文件报建设行政主管部门或者其他有关部门备案。

A. 3　　　　　　　B. 14　　　　　　C. 15　　　　　　D. 7

❺ 【多选】根据《建设工程安全生产管理条例》，施工单位应当组织专家进行论证、审查的专项施工方案有（　　）。

A. 深基坑工程　　　　　　　　　　B. 起重吊装工程

C. 脚手架工程　　　　　　　　　　D. 拆除、爆破工程

E. 高大模板工程

❻ 【多选】《建设工程质量管理条例》关于施工单位对建筑材料、建筑构配件、设备和商品混凝土进行检验的具体规定有（　　）。

A. 检验必须按照工程设计要求、施工技术标准和合同约定进行

B. 检验结果未经监理工程师签字，不得使用

C. 检验结果未经施工单位质量负责人签字，不得使用

D. 未经检验或者检验不合格的，不得使用

E. 检验结果应当有书面记录和专人签字

二、答案与解析

❶ 【答案】B

【解析】本题考查的是建筑工程质量管理对勘察、设计单位的要求。教材原文：设计文件选用的建筑材料、建筑构配件和设备，应当注明其规格、型号、性能等技术指标，质量必须符合国标。

❷ 【答案】C

【解析】本题考查的是施工许可证的有效期限。教材原文：建设单位应当自领取施工许可证之日起3个月内开工。因故不能按期开工的，应当向发证机关申请延期；延期以两次为限，每次不超过3个月。

❸ 【答案】B

【解析】本题考查的是建设工程最低保修期限。教材原文：正常使用条件下，建设工程最低保修期限为：

（1）基础设施工程、房屋建筑的地基基础工程和主体结构工程，为设计文件规定的该工程合理使用年限。

（2）屋面防水工程、有防水要求的卫生间、房间和外墙面的防渗漏，为5年。

（3）供热与供冷系统，为2个采暖期、供冷期。

（4）电气管道、给排水管道、设备安装和装修工程，为2年。其他工程的保修期限由发包方与承包方约定。

❹【答案】C

【解析】本题考查的是工程竣工验收备案。建设单位应当自建设工程竣工验收合格之日起15日内，将建设工程竣工验收报告和规划、公安消防、环保等部门出具的认可文件或者准许使用文件报建设行政主管部门或者其他有关部门备案。

❺【答案】AE

【解析】本题考查的是《建设工程质量管理条例》施工单位的安全责任。深基坑、地下暗挖工程、高大模板工程的专项施工方案，施工单位应当组织专家进行论证、审查。BCD需要编制专项施工方案，并附具安全验算结果，经施工单位技术负责人、总监理工程师签字后实施。

❻【答案】ADE

【解析】本题考查的是施工单位的质量责任和义务。施工单位必须按照工程设计要求、施工技术标准和合同约定，对建筑材料、建筑构配件、设备和商品混凝土进行检验，检验应当有书面记录和专人签字；未经检验或者检验不合格的，不得使用。

1.1.2 《招标投标法》及其实施条例

1.《招标投标法》相关内容

必须招标的范围	①大型基础设施、公用事业等关系社会公共利益、公众安全的项目； ②全部或者部分使用国有资金投资或者国家融资的项目； ③使用国际组织或者外国政府贷款、援助资金的项目

（1）招标

招标	招标条件和方式	招标条件	①需审批的项目，需取得批准。 ②资金或资金来源已落实，在招标文件中载明。 ③可委托招标代理机构办理招标事宜，不得强制。 ④可自行办理招标事宜（招标人具有编制招标文件和组织评标能力的，需备案），不得强制
		招标方式	公开招标：招标公告；邀请招标：投标邀请书。 招标人不得以不合理的条件限制或者排斥潜在投标人，不得实行歧视待遇
	招标文件	内容	①招标人应当根据招标项目的特点和需要编制招标文件。 ②招标文件应当包括招标项目的技术要求、对招标人资格审查的标准、投标报价要求和评标标准等所有实质性要求和条件以及拟签订合同的主要条款。 ③招标项目需要划分标段、确定工期的，招标人应当合理划分标段、确定工期，并在招标文件中载明。 ④招标文件不得要求或者标明特定的生产供应者以及含有潜在投标人的倾向或者排斥其他内容。 ⑤招标人不得向他人透露已获取招标文件的潜在投标人的名称、数量及可能影响公平竞争的有关招标投标的其他情况

| 招标 | 招标文件 | 澄清或修改 | ①投标截止时间至少15日前；
②书面通知所有招标文件收受人；
③作为招标文件的组成部分；
④如果设置了标底情况，必须保密 |
| | | 其他 | 投标准备时间：招标文件开始发出之日至投标截止，不少于20日 |

（2）投标

投标	投标文件内容	①投标人应当按照招标文件的要求编制投标文件。投标文件应当对招标文件提出的实质性要求和条件作出响应。 ②根据招标文件载明的项目实际情况，投标人如果准备在中标后将中标项目的部分非主体、非关键工程进行分包的，应当在投标文件中载明。在招标文件要求提交投标文件的截止时间前，投标人可以补充、修改或者撤回已提交的投标文件，并书面通知招标人。补充、修改的内容为投标文件的组成部分
	送达	①投标截止时间前，送达投标地点； ②招标人收到，应签收保存，不得开启； ③投标人少于3个，重新招标； ④截止时间后送达的投标文件，招标人应当拒收
	联合投标	①签订共同投标协议，明确约定各方拟承担的工作和责任，并将共同投标协议连同投标文件一并提交给招标人。 ②共同与招标人签订合同，承担连带责任
	其他	不得：串标、排挤、损害；低于成本竞标、以他人名义投标；禁止：行贿

（3）开标、评标和中标

开标	①招标人主持。 ②招标文件确定的提交投标文件截止时间的同一时间、招标文件中预先确定的地点公开进行。 ③投标人或其推选的代表（或委托公证机构），检查投标文件密封情况
评标	评标由招标人依法组建的评标委员会负责。 评标委员会经评审，认为所有投标都不符合招标文件要求的，可以否决所有投标。 招标人也可以授权评标委员会直接确定中标人
中标	招标人向中标人发中标通知书，同时通知未中标的投标人。 中标通知书发出之日起30日内签订合同。 不得再订立背离合同实质性内容的其他协议。 招标文件要求中标人提交履约保证金的，应提交

2.《招标投标法实施条例》相关内容

（1）招标

1）招标范围和方式

邀请招标	国有资金占控股或者主导地位的依法必须进行招标的项目，应当公开招标；但有下列情形之一的，可以邀请招标： ①技术复杂、有特殊要求或者受自然环境限制，只有少量潜在投标人可供选择； ②采用公开招标方式的费用占项目合同金额的比例过大
不招标	有下列情形之一的，可以不进行招标： ①需要采用不可替代的专利或者专有技术； ②采购人依法能够自行建设、生产或者提供； ③已通过招标方式选定的特许经营项目投资人依法能够自行建设、生产或者提供； ④需要向原中标人采购工程、货物或者服务，否则将影响施工或者功能配套要求； ⑤国家规定的其他特殊情形

2）招标文件与资格审查

资格预审公告和招标公告	①资格预审文件或者招标文件的发售期不得少于5日。 ②招标人发售资格预审文件、招标文件收取的费用应当限于补偿印刷、邮寄的成本支出，不得以营利为目的。 ③如潜在投标人或者其他利害关系人对资格预审文件有异议，应当在提交资格预审申请文件截止时间2日前提出； ④如对招标文件有异议，应当在投标截止时间10日前提出。 ⑤招标人应当自收到异议之日起3日内做出答复；做出答复前，应当暂停招标投标活动
资格预审	①依法必须进行招标的项目提交资格预审申请文件的时间，自资格预审文件停止发售之日起不得少于5日。 ②通过资格预审的申请人少于3个的应当重新招标。 ③招标人可以对已发出的资格预审文件或者招标文件进行必要的澄清或者修改。 ④如澄清或者修改的内容可能影响资格预审申请文件或者投标文件编制，招标人应当在提交资格预审申请文件截止时间至少3日前，或者投标截止时间至少15日前，以书面形式通知所有获取资格预审文件或者招标文件的潜在投标人； ⑤不足3日或者15日的，招标人应当顺延提交资格预审申请文件或者投标文件的截止时间

3）招标工作实施

招标人不得以不合理条件限制、排斥潜在投标人或投标人的情形	①就同一招标项目向潜在投标人或者投标人提供有差别的项目信息； ②设定的资格、技术、商务条件与招标项目的具体特点和实际需要不相适应或者与合同履行无关； ③以特定行政区域或者特定行业的业绩、奖项作为加分条件或者中标条件； ④采取不同的资格审查或者评标标准； ⑤限定或者指定特定的专利、商标、品牌、原产地或者供应商； ⑥非法限定所有制形式或者组织形式； ⑦以其他不合理条件限制、排斥潜在投标人或者投标人

总承包招标	招标人可以依法对工程以及与工程建设有关的货物、服务全部或者部分实行总承包招标
	以暂估价（指总承包招标时不能确定价格而由招标人在招标文件中暂时估定的工程、货物、服务的金额）形式包括在总承包范围内的工程、货物、服务属于依法必须进行招标的项目范围且达到国家规定规模标准的，应当依法进行招标
两阶段招标	对技术复杂或者无法精确拟定技术规格的项目，可分两阶段招标： 第一阶段，投标人按照招标公告或者投标邀请书的要求提交不带报价的技术建议，招标人根据投标人提交的技术建议确定技术标准和要求，编制招标文件。 第二阶段，招标人向在第一阶段提交技术建议的投标人提供招标文件，投标人按照招标文件的要求提交包括最终技术方案和投标报价的投标文件。如招标人要求投标人提交投标保证金，应当在第二阶段提出
投标有效期	招标人应当在招标文件中载明投标有效期。 投标有效期从提交投标文件的截止之日起算
投标保证金	如招标人在招标文件中要求投标人提交投标保证金，投标保证金不得超过招标项目估算价的2%。投标保证金有效期应当与投标有效期一致
标底及最高投标限价	标底：招标人可自行决定是否编制标底。一个项目一个标底。开标前，标底必须保密。编制标底的中介机构，不能再为投标人提供服务
	最高投标限价：如设置最高限价，招标文件明确最高限价最高投标限价的计算方法。招标人不得规定最低投标限价

（2）投标

投标规定		①投标人撤回已提交的投标文件，应当在投标截止时间前书面通知招标人。 ②招标人已收取投标保证金的，应当自收到投标人书面撤回通知之日起5日内退还。 ③投标截止后投标人撤销投标文件的，招标人可以不退还投标保证金。 ④招标人应当在资格预审公告、招标公告或者投标邀请书中载明是否接受联合体投标。 ⑤招标人接受联合体投标并进行资格预审的，联合体应当在提交资格预审申请文件前组成。资格预审后联合体增减、更换成员的，其投标无效
属于串通投标和弄虚作假的情形	投标人相互串通投标	有下列情形之一，属于投标人相互串通投标：（记忆：有实际动词） ①投标人之间协商投标报价等投标文件的实质性内容； ②投标人之间约定中标人； ③投标人之间约定部分投标人放弃投标或者中标； ④属于同一集团、协会、商会等组织成员的投标人按照该组织要求协同投标； ⑤投标人之间为谋取中标或者排斥特定投标人而采取的其他联合行动。 有下列情形之一，视为投标人相互串通投标：（记忆：同一、混装有依据的怀疑） ①不同投标人的投标文件由同一单位或者个人编制； ②不同投标人委托同一单位或者个人办理投标事宜； ③不同投标人的投标文件载明的项目管理成员为同一人； ④不同投标人的投标文件异常一致或者投标报价呈规律性差异； ⑤不同投标人的投标文件相互混装； ⑥不同投标人的投标保证金从同一单位或者个人的账户转出 （记忆：注意区分"属于"和"视为"）

属于串通投标和弄虚作假的情形	招标人与投标人串通投标	有下列情形之一的，属于招标人与投标人串通投标： ①招标人在开标前开启投标文件并将有关信息泄露给其他投标人； ②招标人直接或者间接向投标人泄露标底、评标委员会成员等信息； ③招标人明示或者暗示投标人压低或者抬高投标报价； ④招标人授意投标人撤换、修改投标文件； ⑤招标人明示或者暗示投标人为特定投标人中标提供方便； ⑥招标人与投标人为谋求特定投标人中标而采取的其他串通行为 （记忆：泄露、明示、暗示、授意、串通，暗中帮助对方）
	弄虚作假	投标人也不得以其他方式弄虚作假，骗取中标： ①使用伪造、编造的许可证件； ②提供虚假的财务状况或者业绩； ③提供虚假的项目负责人或者主要技术人员简历、劳动关系证明； ④提供虚假的信用状况； ⑤其他弄虚作假的行为

（3）开标、评标和中标

开标	招标人应当按照招标文件规定的时间、地点开标。如投标人少于3个，不得开标；招标人应当重新招标
评标	①如超过1/3的评标委员会成员认为评标时间不够，招标人应当适当延长。 ②如招标项目设有标底，招标人应当在开标时公布。标底只能作为评标的参考，不得以投标报价是否接近标底作为中标条件，也不得以投标报价超过标底上下浮动范围作为否决投标的条件
投标否决	有下列情形之一的，评标委员会应当否决其投标： ①投标文件未经投标单位盖章和单位负责人签字； ②投标联合体没有提交共同投标协议； ③投标人不符合国家或者招标文件规定的资格条件； ④同一投标人提交两个以上不同的投标文件或者投标报价，但招标文件要求提交备选投标的除外； ⑤投标报价低于成本或者高于招标文件设定的最高投标限价； ⑥投标文件没有对招标文件的实质性要求和条件作出响应； ⑦投标人有串通投标、弄虚作假、行贿等违法行为
投标文件澄清	①投标文件中有含义不明确的内容、明显文字或者计算错误，需要澄清说明的，评标委员会可以书面通知投标人。投标人采用书面形式澄清，对含义不明确的内容作必要的澄清、说明，不得超出范围或者改变实质性内容。 ②评标委员会不得暗示或者诱导投标人做出澄清、说明，不得接受投标人主动提出的澄清、说明
中标	①中标候选人应当不超过3个，并标明排序。 ②依法必须进行招标的项目，招标人应当自收到评标报告之日起3日内公示中标候选人，公示期不得少于3日。 ③国有资金占控股或者主导地位的依法必须进行招标的项目，招标人应当确定排名第一的中标候选人为中标人。

续表

中标	④排名第一的中标候选人放弃中标、因不可抗力不能履行合同、不按照招标文件要求提交履约保证金，或者被查实存在影响中标结果的违法行为等情形，不符合中标条件的，招标人可以按照评标委员会提出的中标候选人名单排序依次确定其他中标候选人为中标人，也可以重新招标
签订、合同及履约	招标人最迟应当在书面合同签订后5日内向中标人和未中标的投标人退还投标保证金及银行同期存款利息。招标文件要求中标人提交履约保证金的，中标人应当按照招标文件的要求提交。履约保证金不得超过中标合同金额的10%

（4）投诉与处理

投诉	如果投标人或者其他利害关系人认为招标投标活动不符合法律、行政法规规定，可以自知道或者应当知道之日起10日内向有关行政监督部门投诉。投诉应当有明确的请求和必要的证明材料
处理	行政监督部门应当自收到投诉之日起3个工作日内决定是否受理投诉，并自受理投诉之日起30个工作日内做出书面处理决定；需要检验、检测、鉴定、专家评审的，所需时间不计算在内

☑ 习题及答案解析

一、习题

❶【单选】下列工程项目中，可以不进行招标的是（　　）。

A. 信息网络工程项目

B. 需要采用不可替代的专利或专有技术

C. 学校校舍的抗震加固项目

D. 国家特许的融资项目

❷【单选】根据《中华人民共和国招标投标法》及相关法规，对必须招标的项目，招标人行为符合要求的是（　　）。

A. 就同一招标项目向潜在投标人提供有差别的项目信息

B. 委托两家招标代理机构，设置两处报名点接受投标人报名

C. 以特定行业的业绩、奖项作为加分条件

D. 限定或者指定特定的品牌

❸【单选】下列情形中，属于投标人相互串通投标的是（　　）。

A. 不同投标人的投标报价呈现规律性差异

B. 不同投标人的投标文件由同一单位或个人编制

C. 不同投标人委托了同一单位或个人办理某项投标事宜

D. 投标人之间约定中标人

❹ 【单选】在建设工程招投标活动中，招标文件应当规定一个适当的投标有效期。投标有效期的开始计算之日为（　　）。

A. 开始发放招标文件之日　　　　B. 投标人提交投标文件之日

C. 投标人提交投标文件截止之日　D. 停止发放招标文件之日

❺ 【多选】在评标过程中，评标委员会可以要求投标人对投标文件有关文件作出必要澄清、说明和补正的情形包括（　　）。

A. 投标文件未经单位负责人签字　B. 对同类问题表述不一致

C. 投标文件中有含义不明确的内容　D. 有明显的计算错误

E. 投标人主动提出的澄清说明

❻ 【多选】初步评审后，导致投标被否决的情况包括（　　）。

A. 投标文件未经投标单位盖章和单位负责人签字

B. 投标文件中总价金额与依据单价计算出的结果不一致的

C. 投标报价低于成本或者高于招标文件设定的最高投标限价

D. 投标文件没有对招标文件的实质性要求和条件作出响应

E. 投标人不符合国家或者招标文件规定的资格条件

❼ 【多选】下列关于公示中标候选人的说法，错误的是（　　）。

A. 招标人应当自收到评标报告之日起5日内公示中标候选人

B. 公示期不少于5日

C. 招标人应当收到异议之日起5日内作出答复

D. 公示对象是全部中标候选人

❽ 【多选】根据《招标投标法实施条例》，对于采用两阶段招标的项目。不属于投标人在第一阶段向招标人提交的文件是（　　）。

A. 不带报价的技术建议

B. 带报价的技术建议

C. 不带报价的技术方案

D. 带报价的技术方案

二、答案与解析

❶ 【答案】B

【解析】本题考查的是《招标投标法实施条例》相关内容。选项B需要采用不可替代的专利或专有技术属于可以不进行招标的项目。

❷ 【答案】B

【解析】本题考查的是《招标投标法实施条例》相关内容。招标人不得以不合理的条件限制、排斥潜在投标人或者投标人。招标人有下列行为之一的，属于以不合理条件限制、排斥潜在投标人或者投标人：①就同一招标项目向潜在投标人或者投标人提供有差别的项目信息；②设定的资格、技术、商务条件与招标项目的具体特点和实际需要不相适应或者与合同履行无关；③依法必须进行招标的项目以特定行政区域或者特定行业的业绩、奖项作为加分条件或者中标条件；④对潜在投标人或者投标人采取不同的资格审查或者评标标准；⑤限定或者指定特定的专利、商标、品牌、原产地或供应商；⑥依法必须进行招标的项目非法限定潜在投标人或者投标人的所有制形式或者组织形式；⑦以其他不合理条件限制、排斥潜在投标人或者投标人。

❸ 【答案】D

【解析】本题考查的是《招标投标法实施条例》相关内容。有下列情形之一的，属于（重点注意区分属于和视为）投标人相互串通投标：①投标人之间协商投标报价等投标文件的实质性内容；②投标人之间约定中标人；③投标人之间约定部分投标人放弃投标或者中标；④属于同一集团、协会、商会等组织成员的投标人按照该组织要求协同投标；⑤投标人之间为谋取中标或者排斥特定投标人而采取的其他联合行动。

❹ 【答案】C

【解析】本题考查的是《招标投标法实施条例》相关内容。投标有效期从提交投标文件的截止之日起算。

❺ 【答案】BCD

【解析】本题考查的是《招标投标法实施条例》相关内容。投标文件中有含义不明确的内容、明显文字或者计算错误，评标委员会认为需要投标人作出必要澄清、说明的，应当书面通知该投标人。投标人的澄清、说明应当采用书面形式，并不得超出投标文件的范围或者改变投标文件的实质性内容。

❻ 【答案】ACDE

【解析】本题考查的是《招标投标法实施条例》相关内容。有下列情形之一的，评标委员会应当否决其投标：1）投标文件未经投标单位盖章和单位负责人签字；2）投标联合体没有提交共同投标协议；3）投标人不符合国家或者招标文件规定的资格条件；4）同一投标人提交两个以上不同的投标文件或者投标报价，但招标文件要求提交备选投标的除外；5）投标报价低于成本或者高于招标文件设定的最高投标限价；6）投标文件没有对招标文件的实质性要求和条件作出响应；7）投标人有串通投标、弄虚作假、行贿等违法行为。

❼ 【答案】ABC

【解析】本题考查的是《招标投标法实施条例》相关内容。依法必须进行招标的项目，招标人应当自收到评标报告之日起3日内公示中标候选人，公示期不得少于3日。如投标人或者其他利害关系人对依法必须进行招标的项目的评标结果有异议，应当在中标候选人公示期间提出。招标人应当自收到异议之日起3日内作出答复。

❽ 【答案】BCD

【解析】本题考查的是《招标投标法实施条例》相关内容。对技术复杂或者无法精确拟定技术规格的项目，招标人可以分两阶段进行招标：第一阶段，投标人按照招标公告或者投标邀请书的要求提交不带报价的技术建议，招标人根据投标人提交的技术建议确定技术标准和要求，编制招标文件。第二阶段，招标人向在第一阶段提交技术建议的投标人提供招标文件，投标人按照招标文件的要求提交包括最终技术方案和投标报价的投标文件。如招标人要求投标人提供投标保证金，应当在第二阶段提出。

1.1.3 《政府采购法》及其实施条例

1.《政府采购法》相关内容

《政府采购法》所称政府采购，是指各级国家机关、事业单位和团体组织，使用财政性资金采购依法制定的集中采购目录以内的或采购限额标准以上的货物、工程和服务的行为。

（1）政府采购当事人

①采购人采购纳入集中采购目录的政府采购项目，必须委托集中采购机构代理采购；

②采购未纳入集中采购目录的政府采购项目，可以自行采购，也可以委托集中采购机构在委托的范围内代理采购

（2）政府采购方式

政府采购可采用的方式有：公开招标、邀请招标、竞争性谈判、单一来源采购、询价，以及国务院政府采购监督管理部门认定的其他采购方式。公开招标应作为政府采购的主要采购方式。

公开招标	①中央预算，数额标准国务院确定； ②地方预算，数额标准省、自治区、直辖市人民政府规定； ③因特殊情况需要采用公开招标以外的采购方式的，需采购监督管理部门批准
邀请招标	符合下列情形之一的货物或服务，可采用邀请招标方式采购： ①具有特殊性，只能从有限范围的供应商处采购的； ②采用公开招标方式的费用占政府采购项目总价值的比例过大的
竞争性 谈判	符合下列情形之一的货物或服务，可采用竞争性谈判方式采购： ①招标后没有供应商投标或没有合格标的或重新招标未能成立的； ②技术复杂或性质特殊，不能确定详细规格或具体要求的； ③采用招标所需时间不能满足用户紧急需要的； ④不能事先计算出价格总额的
单一来 源采购	符合下列情形之一的货物或服务，可以采用单一来源方式采购： ①只能从唯一供应商处采购的； ②发生不可预见的紧急情况，不能从其他供应商处采购的； ③必须保证原有采购项目一致性或服务配套的要求，需要继续从原供应商处添购，且添购资金总额不超过原合同采购金额10%的
询价	采购的货物规格、标准统一，现货货源充足且价格变化幅度小的政府采购项目

（3）政府采购合同

①采用书面形式。采购人可以委托采购代理机构代表与供应商签订合同，但应当提交采购人的授权委托书，作为合同附件。

②经采购人同意，中标、成交供应商可依法采取分包方式履行合同。

③政府采购合同履行中，采购人需追加与合同标的相同的货物、工程或服务的，在不改变合同其他条款的前提下，可以与供应商协商签订补充合同，但所有补充合同的采购金额不得超过原合同采购金额的10%

2.《政府采购法实施条例》相关内容

（1）政府采购当事人

以不合理的条件对供应商实行差别待遇或者歧视待遇：	①就同一采购项目向供应商提供有差别的项目信息； ②设定的资格、技术、商务条件与采购项目的具体特点和实际需要不相适应或者与合同履行无关； ③采购需求中的技术、服务等要求指向特定供应商、特定产品； ④以特定行政区域或者特定行业的业绩、奖项作为加分条件或者中标、成交条件； ⑤对供应商采取不同的资格审查或者评审标准； ⑥限定或者指定特定的专利、商标、品牌或者供应商； ⑦非法限定供应商的所有制形式、组织形式或者所在地； ⑧以其他不合理条件限制或者排斥潜在供应商

（2）政府采购方式

①列入集中采购目录的项目，适合实行批量集中采购的，应当实行批量集中采购，但紧急的小额零星货物项目和有特殊要求的服务、工程项目除外。

②政府采购工程依法不进行招标的，应当依照政府采购法律法规规定的竞争性谈判或者单一来源采购方式采购

（3）政府采购程序

招标文件	发售不得少于5个工作日，自发售起算。澄清和修改，距投标截止时间至少15日
投标保证金	不得超过采购项目预算金额的2%
评标程序	①最低评标价法； ②综合评分法； ③招标文件中没有规定的评标标准不得作为评审依据

（4）政府采购合同

提交履约保证金	供应商应当以支票、汇票、本票或者金融机构、担保机构出具的保函等非现金形式提交。履约保证金的数额不得超过政府采购合同金额10%
签合同	中标或成交供应商拒绝签合同，采购人按评审报告推荐名单顺延或重新开展政府采购活动
支付	采购人应按政府采购合同规定，及时向中标或者成交供应商支付采购资金

☑ 习题及答案解析

一、习题

❶ 【单选】根据《政府采购法实施条例》相关内容，政府采购合同后，中标文件要求中标人提交履约保证金的，履约保证金的数额不得超过政府采购合同金额的（　　）。

    A. 40%　　　　　　B. 20%　　　　　　C. 30%　　　　　　D. 10%

❷ 【单选】下面属于政府采购的主要采购方式的是（　　）。

    A. 竞争性谈判　　　　　　　　B. 邀请招标

    C. 公开招标　　　　　　　　　D. 单一来源采购

❸ 【单选】招标文件要求投标人提交投标保证金的，投标保证金不得超过采购项目预算金额的（　　）。

    A. 10%　　　　　　B. 2%　　　　　　C. 3%　　　　　　D. 5%

❹ 【单选】本题考查的是《政府采购法实施条例》相关内容，政府采购合同后，中标文件要求中标人提交履约保证金的，履约保证金的数额不得超过政府采购合同金额的（　　）。

    A. 30%　　　　　　B. 20%　　　　　　C. 10%　　　　　　D. 40%

二、答案及解析

❶ 【答案】D

    【解析】根据《政府采购法实施条例》相关内容，政府采购合同后，中标文件要求中标人提交履约保证金的，履约保证金的数额不得超过政府采购合同金额的10%。

❷ 【答案】C

    【解析】本题考查的是《政府采购法》相关内容，政府采购方式。政府采购可采用的方式有：公开招标、邀请招标、竞争性谈判、单一来源采购、询价，以及国务院政府采购监督管理部门认定的其他采购方式。公开招标应作为政府采购的主要采购方式。

❸ 【答案】B

    【解析】本题考查的是《政府采购法实施条例》相关内容，政府采购程序。招标文件要求投标人提交投标保证金的，投标保证金不得超过采购项目预算金额的2%。

❹ 【答案】C

    【解析】根据《政府采购法实施条例》相关内容，政府采购合同后，中标文件要求中标人提交履约保证金的，履约保证金的数额不得超过政府采购合同金额的10%。

1.1.4 《合同法》相关内容

1. 合同订立

《合同法》由总则、分则和附则三部分组成。总则包括一般规定、合同订立、合同效力、合同履行、合同变更和转让、合同权利义务终止、违约责任、其他规定。

（1）合同形式和内容

合同形式	当事人订立合同，有书面形式、口头形式和其他形式。
	建设工程合同、法律法规规定或当事人约定采用书面形式的，应当采用书面形式
合同内容	通常称为合同条款
	包括：当事人名称或姓名和住所，标的，数量，质量，价款或者报酬，履行的期限，地点和方式，违约责任，解决争议的方法

（2）合同订立程序

名词解释	要约邀请：是希望他人向自己发出要约的意思表示（招标公告）
	要约：是希望与他人订立合同的意思表示（投标文件）
	承诺：是受要约人同意要约的意思表示（中标通知书）

1）要约

要约应当符合如下规定：

①内容具体确定；

②表明经受要约人承诺，要约人即受该意思表示约束。

要约必须是特定人的意思表示，必须是以缔结合同为目的，必须具备合同的主要条款。

有些合同在要约之前还会有要约邀请。所谓要约邀请，是希望他人向自己发出要约的意思表示。要约邀请并不是合同成立过程中的必经过程。

要约生效	要约到达受要约人时生效	
要约撤回和撤销	撤回	撤回要约的通知应当在要约到达受要约人之前或者与要约同时到达受要约人
	撤销条件	撤销要约的通知应当在受要约人发出承诺通知之前到达受要约人
	不得撤销条件	①要约人确定了承诺期限或者以其他形式明示要约不可撤销； ②受要约人有理由认为要约是不可撤销的，并已经为履行合同做了准备工作
要约失效条件	①拒绝要约的通知到达要约人； ②要约人依法撤销要约； ③承诺期限届满，受要约人未做出承诺； ④受要约人对要约的内容做出实质性变更	

2）承诺

承诺概念	是受要约人同意要约的意思表示。除根据交易习惯或者要约表明可以通过行为做出承诺的之外，承诺应当以通知的方式做出
承诺期限	承诺应当在要约确定的期限内到达要约人。 要约没有确定承诺期限的，承诺应当依照下列规定到达：①除非当事人另有约定，以对话方式做出的要约，应当即时做出承诺；②以非对话方式做出的要约，承诺应当在合理期限内到达。 要约以信件或电报作出的：自信件"载明的日期"或电报交发之日开始计算；要约以电话、传真作出的：自要约"到达"受要约人时开始计算
承诺生效	①承诺通知到达要约人时生效。 ②无通知的，根据交易习惯或作出承诺的行为时生效。 ③指定特定系统接收数据电文：进入该特定系统的时间； ④要约以电话、传真作出的：进入收件人的任何系统的首次时间
承诺撤回	承诺可以撤回，撤回承诺的通知应当在承诺通知到达要约人之前或者与承诺通知同时到达要约人。承诺通知已经生效，意味着合同已经成立，所以承诺只能撤回，不能撤销
逾期承诺	超过承诺期限发出承诺的，除要约人及时通知受要约人，该承诺有效的外，为新要约
要约内容的变更	①承诺的内容应当与要约的内容一致。 ②受要约人对要约的内容做出实质性变更的，为新要约。 ③承诺对要约的内容做出非实质性变更的，除要约人及时表示反对或者要约表明承诺不得对要约的内容做出任何变更的以外，该承诺有效，合同的内容以承诺的内容为准

（3）合同成立

成立依据	承诺生效时合同成立
成立时间	①当事人采用合同书形式订立合同的，自双方当事人签字或者盖章时合同成立。 ②当事人采用信件、数据电文等形式订立合同的签订确认书时合同成立
成立地点	承诺生效地点为合同成立地点。 ①采用数据电文形式订立合同的，收件人的主营业地为合同成立的地点。 ②没有主营业地的，其经常居住地为合同成立的地点。另约定的按另约定地点。 ③当事人采用合同书形式订立合同的，双方当事人签字或者盖章的地点为合同成立的地点
其他情形	①法律法规规定或当事人约定书面形式订立合同，未采用书面形式，但一方已经履行主要义务，对方接受的。 ②采用合同书形式订立合同，在签字或盖章前，当事人一方已经履行主要义务，对方接受的

（4）格式条款

格式条款提供者的义务	①采用格式条款订立合同，有利于提高当事人双方合同订立过程的效率、减少交易成本、避免合同订立过程中因当事人双方一事一议而可能造成的合同内容的不确定性。 ②供格式条款的一方应当遵循公平的原则确定当事人之间的权利义务关系，并采取合理的方式提请对方注意免除或限制其责任的条款，按照对方的要求，对该条款予以说明
格式条款无效	提供格式条款一方免除自己责任、加重对方责任、排除对方主要权利的，该条款无效。此外，《合同法》规定的合同无效的情形，同样适用于格式合同条款
格式条款的解释	对格式条款的理解发生争议的，应当按照通常理解予以解释。对格式条款有两种以上解释的，应当做出不利于提供格式条款一方的解释。格式条款和非格式条款不一致的，应当采用非格式条款

（5）缔约过失责任

发生时间	缔约过失责任发生于合同不成立或者合同无效的缔约过程
构成条件	一是当事人有过错。若无过错，则不承担责任。 二是有损害后果的发生。若无损失，亦不承担责任。 三是当事人的过错行为与造成的损失有因果关系
承担损害赔偿责任	①假借订立合同，恶意进行磋商； ②故意隐瞒与订立合同有关的重要事实或者提供虚假情况； ③有其他违背诚实信用原则的行为

☑ 习题及答案解析

一、习题

1 【单选】**根据《合同法》，合同的成立需要顺序经过（   ）。**

A. 承诺和要约两个阶段

B. 要约邀请、要约和承诺三个阶段

C. 要约和承诺两个阶段

D. 承诺、要约邀请和要约三个阶段

2 【单选】**根据我国《合同法》，要约生效的时间为（   ）。**

A. 合同签订之日

B. 要约送达到受约人之日

C. 双方约定的时间

D. 合同管理部门确定的时间

❸【单选】甲公司于4月1日向乙公司发出订购一批实木沙发的要约，要求乙公司于4月8日前答复。4月2日乙公司收到该要约。4月3日，甲公司欲改向丙公司订购实木沙发，遂向乙公司发出撤销要约的信件，该信件于4月4日到达乙公司。4月5日，甲公司收到乙公司的回复，乙公司表示暂无实木沙发，问甲公司是否愿意选购布艺沙发。根据《合同法》的规定，甲公司要约失效的时间是（　　）。

A．4月3日　　　　　B．4月4日　　　　　C．4月5日　　　　　D．4月8日

❹【单选】要约不再对要约人和受要约人产生拘束，称为（　　）。

A．要约撤回　　　B．要约失效　　　C．承诺撤回　　　D．要约撤销

❺【单选】判断合同是否成立的依据是（　　）。

A．合同是否生效　　　　　　　　　　B．合同是否产生法律约束力

C．要约是否生效　　　　　　　　　　D．承诺是否生效

❻【多选】我国《合同法》规定，对格式条款的理解发生争议时（　　）。

A．提供格式条款一方免除自身责任，加重对方责任、排除对方主要权利的条款无效

B．有两种以上解释时，应作出不利于提供格式条款一方的解释

C．格式条款与非格式条款不一致时，应采用格式条款

D．格式条款与非格式条款不一致时，应采用非格式条款

E．有两种以上解释时，应作出有利于提供格式条款一方的解释

❼【多选】我国《合同法》规定，对格式条款的理解发生争议时（　　）。

A．有两种以上解释时，应作出有利于提供格式条款一方的解释

B．有两种以上解释时，应作出不利于提供格式条款一方的解释

C．提供格式条款一方免除自身责任，加重对方责任、排除对方主要权利的条款无效

D．格式条款与非格式条款不一致时，应采用非格式条款

E．格式条款与非格式条款不一致时，应采用格式条款

二、答案与解析

❶【答案】C

【解析】本题考查《合同法》相关内容。根据我国合同法的规定，当事人订立合同，需要经过要约和承诺两个阶段。要约邀请不是合同成立的必经阶段。

❷【答案】B

【解析】本题考查要约生效的时间。我国《合同法》规定，要约到达受要约人时生效。

❸【答案】C

【解析】本题考核要约的失效。题目中，甲公司的要约中确定了"承诺期限"，因此不能撤销。而乙公司4月5日的回复对要约进行了实质性变更，是新的要约，导致原要约失效。

❹【答案】B

【解析】本题考查要约失效的概念。要约失效是指要约丧失了法律约束力，即不再对要约人和受要约人产生拘束。

❺【答案】D

【解析】本题考核《合同法》合同成立。承诺生效时合同成立。

❻【答案】ABD

【解析】本题考查《合同法》格式条款。《合同法》规定，对格式条款的理解发生争议的，应当按照通常理解予以解释。对格式条款有两种以上解释的，应当作出不利于提供格式条款一方的解释。格式条款和非格式条款不一致的，应当采用非格式条款。

提供格式条款的一方应当遵循公平的原则确定当事人之间的权利义务关系，并采取合理的方式提请对方注意免除或限制其责任的条款，按照对方的要求，对该条款予以说明。

提供格式条款一方免除自己责任、加重对方责任、排除对方主要权利的，该条款无效。

❼【答案】BCD

【解析】本题考查《合同法》格式条款。《合同法》规定，对格式条款的理解发生争议的，应当按照通常理解予以解释。对格式条款有两种以上解释的，应当作出不利于提供格式条款一方的解释。格式条款和非格式条款不一致的，应当采用非格式条款。

提供格式条款的一方应当遵循公平的原则确定当事人之间的权利义务关系，并采取合理的方式提请对方注意免除或限制其责任的条款，按照对方的要求，对该条款予以说明。

提供格式条款一方免除自己责任、加重对方责任、排除对方主要权利的，该条款无效。

2. 合同效力

（1）合同生效

合同生效	是指合同产生法律上的效力，具有法律约束力
合同成立	是指双方当事人依照有关法律对合同的内容进行协商并达成一致的意见。合同成立的判断依据是承诺是否生效

1）合同生效时间

合同生效时间	在通常情况下，合同依法成立之时，就是合同生效之日，二者在时间上是同步的。但有些合同在成立后，并非立即产生法律效力，而是需要其他条件成就之后，才开始生效

2）附条件和附期限合同

附条件合同	①当事人对合同的效力可以约定附加条件。附生效条件的合同，自条件成就时生效。附解除条件的合同，自条件成就时失效。 ②当事人为自己的利益不正当地阻止条件成就的，视为条件已成就；不正当地促成条件成就的，视为条件不成就（记忆：谁采用不当手段，就按对谁不利的来）
附期限合同	当事人对合同的效力可以约定附加期限。附生效期限的合同，自期限届至时生效。附终止期限的合同自期限届满时失效

| 二者区别 | 期限是将来确定要发生的事实，是可知的；
条件则是将来可能发生也可能不发生的，是不确定的事实 |

（2）效力待定合同

概念	效力待定合同是指合同已经成立，但合同效力能否产生尚不能确定的合同。包括限制民事行为能力人订立的合同和无权代理人代订的合同
限制民事行为能力人签订的合同	界定：（记忆：限制民事行为——未成年、精神病） ①10周岁以上不满18周岁的未成年人； ②不能完全辨认自己行为的精神病人
	合同生效情况： ①限制民事行为能力人订立的合同，经法定代理人追认后，该合同有效 ②纯获利益的合同或者与其年龄、智力、精神健康状况相适应而订立的合同，不必经法定代理人追认。 ③与限制民事行为能力人订立合同的相对人可以催告法定代理人在1个月内予以追认
无权代理人代订的合同	主要包括：（记忆：无权代理——没有、超越、终止、表见） ①没有代理权；②超越代理权限范围；③终止代理权；④表见代理权
	行为人没有代理权、超越代理权或者代理权终止后以被代理人名义订立的合同，未经被代理人追认，对被代理人不发生效力，由行为人承担责任。与无权代理人签订合同的相对人可以催告被代理人在1个月内予以追认
	表见代理是善意相对人通过被代理人的行为足以相信无权代理人具有代理权的情形。通过表见代理行为与相对人订立的合同具有法律效力
	法人或者其他组织的法定代表人、负责人超越权限订立的合同，除相对人知道或者应当知道其超越权限的以外，该代表行为有效
	无处分权的人处分他人财产的合同一般为无效合同。无处分权的人处分他人财产，经权利人追认或者无处分权的人订立合同后取得处分权的，该合同有效

（3）无效合同

无效合同的情形	①一方以欺诈、胁迫的手段订立合同，损害国家利益； ②恶意串通、损害国家、集体或第三人利益； ③以合法形式掩盖非法目的； ④损害社会公共利益； ⑤违反法律、行政法规的强制性规定 （记忆：无效合同情节严重，损害国家、社会、集体、法律、第三人利益和违法）
部分条款无效情形	①造成对方人身伤害的； ②因故意或者重大过失造成对方财产损失的

（4）可变更或者撤销合同

合同可变更或撤销	①因重大误解订立的； ②在订立合同时显失公平的。 ③一方以欺诈、胁迫的手段或者乘人之危，使对方在违背真实意思的情况下订立的合同。当事人请求变更的，人民法院或者仲裁机构不得撤销 （记忆：可变更或撤销的没有无效合同严重，只是违背真实意思，没损害和违法）
撤销权消灭	①具有撤销权的当事人自知道或者应当知道撤销事由之日起1年内没有行使撤销权；②具有撤销权的当事人知道撤销事由后明确表示或者以自己的行为放弃撤销权
法律后果	①无效合同或者被撤销的合同自始没有法律约束力。 ②合同部分无效，不影响其他部分效力的，其他部分仍然有效。 ③合同无效、被撤销或者终止的，不影响合同中独立存在的有关解决争议方法的条款的效力

3. 合同履行

（1）合同履行的原则

全面履行	不允许合同的任何一方当事人不按合同约定履行义务，擅自对合同的内容进行变更，以保证合同当事人的合法权益
诚实信用	附随义务： ①及时通知义务；②提供必要条件和说明的义务； ③协助义务；④保密义务，商业秘密技术秘密也应该保密

（2）合同履行的一般规定

1）合同有关内容没有约定或者约定不明确问题的处理

合同生效后，当事人就质量、价款或者报酬、履行地点等内容没有约定或者约定不明确的，可以协议补充；不能达成补充协议的，按照合同有关条款或者交易习惯确定。仍不能确定的合同有关内容的，按下列方法处理：

质量要求不明确	①按照国家标准、行业标准履行； ②没有国家标准、行业标准的，按照通常标准或者符合合同目的的特定标准履行
价款或报酬不明确	①一般执行订立合同时合同履行地的市场价格； （注意：是"订"立不是成立/是履行"地"不是履行时） ②应当执行政府定价或政府指导价的，必须执行，原则如下： （总原则：谁违约谁付出代价） 　a. 在合同约定的交付期限内政府价格调整时，按照交付时的价格计价。 　b. 逾期交付标的物的，遇价格上涨时，按照原价格执行；价格下降时，按照新价格执行。（记忆：收钱的一方拖延，按低的收钱） 　c. 逾期提取标的物或者逾期付款的，遇价格上涨时，按照新价格执行价格下降时，按照原价格执行。（记忆：给钱的一方拖延，按高的给钱）

履行地点不明确	①给付货币的，在接受货币一方所在地履行；（记忆：给钱在接受方） ②交付不动产的，在不动产所在地履行； ③其他标的，在履行义务一方所在地履行（记忆：给物在履行方）
履行期限不明确	①债务人可以随时履行； ②债权人也可以随时要求履行，但应当给对方必要的准备时间
履行方式不明确	按照有利于实现合同目的的方式履行
履行费用负担不明确	履行费用由履行义务一方负担

2）合同履行中的第三人

合同当事人不变，只不过履行方发生变化。不是合同义务的转移，当事人在合同中的法律地位不变。

向第三人履行	当事人约定由债务人向第三人履行债务的，债务人未向第三人履行债务或者履行债务不符合约定，应当向债权人承担违约责任
由第三人代为履行	当事人约定由第三人向债权人履行债务的，第三人不履行债务或者履行债务不符合约定，债务人应当向债权人承担违约责任

3）合同履行过程中几种特殊情况的处理

履行过程中 特殊情况	①债权人合同分立、合并或者变更住所：债权人有义务及时通知当事人，未通知债务人，导致债务履行困难，债务人可中止履行或将标的物提存（提交有关机关保存，以此消灭合同）。 ②债务人提前（或部分）履行业务：债权人可以拒绝债务人提前（或部分）履行债务，但提前履行不损害债权人利益的除外。债务人提前（或部分）履行债务给债权人增加的费用，由债务人负担

4）合同生效后主体变化时合同的效力

当事人不得因姓名、名称的变更或者法定代表人、负责人、承办人的变动而不履行合同债务，这些仅是符号的变更，不改变合同主体发生实质性变化。

4. 合同变更和转让

（1）合同变更

广义：合同法律关系的主体和合同内容的变更；合同内容的变更。

狭义：仅指合同内容的变更，不包括合同主体的变更。

协议变更	当事人协商一致。法律、行政法规规定，变更合同应当办理批准登记手续的，应当办理相应的批准、登记手续
法定变更	当发生法律规定的可以变更合同的事由时，可根据一方当事人的请求对合同内容进行变更而不必征得对方当事人的同意。但这种变更合同的请求须向人民法院或者仲裁机构提出

（2）合同转让

债权转让	债权人可以将合同的权利全部或者部分转让给第三人
	债权转让，债权人应当通知债务人。通知不得撤销
	以下三种不得转让的债权： ①根据合同性质不得转让； ②按照当事人约定不得转让； ③依照法律规定不得转让
债务转移	应当经债权人同意，债务人才能将合同的义务全部或者部分转移给第三人
权利义务 概括转让	当事人一方经对方同意，可以将自己在合同中的权利和义务一并转让给第三人

5. 合同权利义务终止

（1）合同权利义务终止的原因

有下列情形之一的，合同权利义务终止：

①债务已经按照约定履行；
②合同解除；
③债务相互抵销；
④债务人依法将标的物提存；
⑤债权人免除债务；
⑥债权债务同归于一人；
⑦法律规定或者当事人约定终止的其他情形。
合同权利义务的终止，不影响合同中结算和清理条款的效力

（2）合同解除

概念	合同有效成立后，在尚未履行或者尚未履行完毕之前，因当事人一方或者双方的意思表示而使合同的权利义务关系（债权债务关系）自始消灭或者向将来消灭的一种民事行为
情形	合同解除后，尚未履行的	终止履行
	合同解除后，已经履行的	根据履行情况和合同性质，当事人可以要求： 恢复原状、采取其他补救措施，并有权要求赔偿损失

（3）标的物提存

概念	由于债权人的原因致使债务人无法向其交付标的物，债务人可将标的物交给有关机关保存
提存 情形	①债权人无正当理由拒绝受领； ②债权人下落不明； ③债权人死亡未确定继承人或者丧失民事行为能力未确定监护人； ④法律规定的其他情形

特殊情况	①标的物不适于提存或者提存费用过高的，债务人可以依法拍卖或者变卖标的物，提存所得的价款。 ②债权人可随时领取提存物，但债权人对债务人负有到期债务的，在债权人未履行债务或提供担保之前，提存部门根据债务人的要求应当拒绝其领取提存物
期限	权利期限为5年，超过该期限，提存物扣除提存费用后归国家

6. 违约责任

（1）违约责任及其特点

概念	违约责任是指合同当事人不履行或不适当履行合同，应依法承担违约责任
特点	①以有效合同为前提。 ②以合同当事人不履行或者不适当履行合同义务为要件。 ③可由合同当事人在法定范围内约定。 ④是一种民事赔偿责任

（2）违约责任的承担

承担方式	内容
1）继续履行	继续履行是合同当事人一方违约时，其承担违约责任的首选方式
2）采取补救措施	①标的物的质量不符合约定，按照当事人的约定承担违约责任； ②可以合理选择要求对方承担修理、更换、重作、退货、减少价款或报酬等违约责任
3）赔偿损失	当事人一方不履行合同义务或者履行合同义务不符合约定的，应当赔偿损失。 ①对方应当采取适当措施防止损失的扩大，此措施费由违约方承担； ②没有采取适当措施致使损失扩大的，不得就扩大的损失要求赔偿
4）违约金	当事人就迟延履行约定违约金的，违约方支付违约金后还应当履行债务。 ①约定的违约金低于造成的损失的，当事人可以请求人民法院或者仲裁机构予以增加； ②约定的违约金过分高于造成的损失的，当事人可以请求人民法院或者仲裁机构予以适当减少
5）定金	债务人履行债务后，定金应当抵作价款或者收回。 ①给付定金的一方不履行约定的债务的，无权要求返还定金； ②收受定金的一方不履行约定的债务的，应当双倍返还定金。 当事人既约定违约金，又约定定金的，一方违约时，对方可以选择适用违约金或者定金条款（记忆：违约金和定金二选一）

承担主体	内容
双方违约	当事人双方都违反合同的，应当各自承担相应的责任。
第三人原因造成违约	当事人一方因第三人的原因造成违约的，应当向对方承担违约责任。 当事人一方和第三人之间的纠纷，依照法律规定或者依照约定解决

因当事人一方的违约行为，侵害对方人身、财产权益的，受损害方有权选择依照《合同法》要求其承担违约责任或者依照其他法律要求其承担侵权责任。

（3）不可抗力

概念	是指不能预见、不能避免并不能克服的客观情况（比如自然灾害、宏观调控等）
责任承担	①因不可抗力不能履行合同的，根据不可抗力的影响，部分或者全部免除责任，但法律另有规定的除外。 ②当事人迟延履行后发生不可抗力的，不能免除责任。 ③当事人一方因不可抗力不能履行合同的，应当及时通知对方，以减轻可能给对方造成的损失，并应当在合理期限内提供证明

7. 合同争议解决

和解与调解	①和解与调解是解决合同争议的常用和有效方式。 ②调解是指合同当事人之间发生争议后，在第三者的主持下，根据事实、法律和合同，经过第三者的说服与劝解，使发生争议的合同当事人双方互谅、互让，自愿达成协议，从而公平，合理地解决争议的一种方式。 ③调解有民间调解、仲裁机构调解和法庭调解三种。
仲裁	①根据合同中的仲裁条款或事后达成的书面仲裁协议，提交仲裁机构。 ②仲裁裁决具有法律约束力。不执行的，另一方当事人可以申请有管辖权的人民法院强制执行。 ③裁决作出后，当事人就同一争议再申请仲裁或者向人民法院起诉的，仲裁机构或者人民法院不予受理。但当事人对仲裁协议的效力有异议的，可以请求仲裁机构作出决定或者请求人民法院作出裁定。
诉讼	①诉讼是指合同当事人依法将合同争议提交人民法院受理，由人民法院依司法程序通过调查、作出判决、采取强制措施等来处理争议的法律制度。 ②对于一般的合同争议，由被告住所地或者合同履行地人民法院管辖。建设工程施工合同以施工行为地为合同履行地。

1.1.5 《价格法》相关内容

1. 价格形成机制

市场价调节	由经营者自主制定，通过市场竞争形成的价格
政府指导价	由政府主管部门，按定价权限和范围规定基准价及其浮动幅度，指导经营者制定的价格
政府定价	政府主管部门制定的价格

2. 政府定价行为

实行政府指导价或政府定价的商品和服务：

①国民经济发展和人民生活关系重大的极少数商品价格；
②资源稀缺的少数商品价格；
③自然垄断经营的商品价格；
④重要的公用事业价格；
⑤重要的公益性服务价格（记忆：国、民、稀缺、垄断、公用、公益）

1.1.6 最高人民法院司法解释有关要求

1.《施工合同法律解释一》相关规定

（1）无效合同的价款结算

无效合同价款结算	1）合同无效但建设工程经竣工验收合格的，承包人请求支付工程款，应予支持。 2）合同无效且建设工程经竣工验收不合格的： ①修复后的建设工程经竣工验收合格，发包人请求承包人承担修复费用的，应予支持； ②修复后的建设工程经竣工验收不合格，承包人请求支付工程价款的，不予支持； ③因建设工程不合格造成的损失，发包人有过错的，也应承担相应的民事责任

（2）工程价款利息计付

价款利息计付标准	①有约定，按照约定处理； ②没约定，按照中国人民银行发布的同期同类贷款利率计息
无效合同利息约定	①当事人对垫资和垫资利息有约定，承包人请求按照约定返还垫资及利息的，应予支持，但是约定的利息计算标准高于中国人民银行发布的同期同类贷款利率的部分除外。 ②利息从应付工程价款之日计付。 当事人对垫资和垫资利息没有约定，承包人请求支付利息的，不予支持
付款约定	当事人对付款时间没有约定或者约定不明的，下列时间视为应付款时间： ①建设工程已实际交付的，为交付之日； ②建设工程没有交付的，为提交竣工结算文件之日； ③建设工程未交付，工程价款也未结算的，为当事人起诉之日

（3）工程竣工日期确定

工程实际竣工日期争议处理	①建设工程经竣工验收合格的，以竣工验收合格之日为竣工日期； ②承包人已经提交竣工验收报告，发包人拖延验收的，以承包人提交验收报告之日为竣工日期； ③建设工程未经竣工验收，发包人擅自使用的，以转移占有建设工程之日为竣工日期

（4）计价标准与方法确定

正常情况	当事人对建设工程的计价标准或者计价方法有约定的，按照约定结算工程价款
特殊情况	因设计变更导致建设工程的工程量或者质量标准发生变化，当事人对该部分工程价款不能协商一致的，可以参照签订建设工程施工合同时当地建设行政主管部门发布的计价标准或者计价方法结算工程价款

（5）工程量确定

工程量有争议	按照施工过程中形成的签证等书面文件确认
不能提供签证	承包人能够证明发包人同意其施工，但未能提供签证文件证明工程量发生的，可以按照当事人提供的其他证据确认实际发生的工程量

（6）工程价款结算

①当事人就同一建设工程另行订立的建设工程施工合同与经过备案的中标合同实质性内容不一致的，应当以备案的中标合同作为结算工程价款的根据。

②当事人约定按照固定价结算工程价款，一方当事人请求对建设工程造价进行鉴定的，不予支持。

2.《施工合同法律解释二》相关规定

开工日期争议确定	①开工日期为发包人或者监理人发出的开工通知载明的开工日期； ②开工通知发出后，尚不具备开工条件的，以开工条件具备的时间为开工日期； ③因承包人原因导致开工时间推迟的，以开工通知载明的时间为开工日期。 ④承包人经发包人同意已经实际进场施工的，以实际进场施工时间为开工日期。 ⑤发包人或监理人未发出开工通知，亦无相关证据证明实际开工日期的，应当综合考虑开工报告、合同、施工许可证、竣工验收报告或者竣工验收备案表等载明的时间，并结合是否具备开工条件的事实，认定开工日期
合同与投标文件等不一致	当事人签订的建设工程施工合同与招标文件、投标文件、中标通知书载明的工程范围、建设工期、工程质量、工程价款不一致，一方当事人请求将招标文件、投标文件、中标通知书作为结算工程价款的依据的，人民法院应予支持
请求鉴定的处理	当事人在诉讼前已经对建设工程价款结算达成协议，诉讼中一方当事人申请对工程造价进行鉴定的，人民法院不予准许
咨询意见的效力	当事人在诉讼前共同委托有关机构、人员对建设工程造价出具咨询意见，诉讼中一方当事人不认可该咨询意见申请鉴定的，人民法院应予准许，但双方当事人明确表示受该咨询意见约束的除外
鉴定意见的效力	鉴定人将当事人有争议且未经质证的材料作为鉴定依据的，人民法院应当组织当事人就该部分材料进行质证。经质证认为不能作为鉴定依据的，根据该材料做出的鉴定意见不得作为认定案件事实的依据

☑ 习题及答案解析

> ### 一、习题

❶ 【单选】订立合同的当事人依照有关法律对合同内容进行协商并达成一致意见时的合同状态称为（   ）。

    A. 合同有效   B. 合同成立   C. 合同生效   D. 合同订立

❷ 【单选】建设工程施工合同约定，施工企业未按节点工期完成约定进度的工程单位可解除合同，此约定属于合同的（   ）。

    A. 附条件解除   B. 附期限解除   C. 附期限终止   D. 附条件终止

❸ 【单选】根据《合同法》，下列各类合同中，属于可变更或可撤销的合同的是（   ）。

    A. 以合法形式掩盖非法目的的合同

    B. 因重大误解订立的合同

    C. 损害社会公共利益的合同

    D. 恶意串通损害集体利益的合同

❹ 【单选】《合同法》规定，具有撤销权的当事人自知道或者应当知道撤销事由之日起（   ）内没有行使撤销权的，撤销权消灭。

    A. 半年   B. 1年   C. 2年   D. 3年

❺ 【单选】根据《合同法》有关合同转让的规定，下列关于债权转让的说法中，正确的是（   ）。

    A. 债权人应当通知债务人

    B. 债权人应当经债务人同意才可转让

    C. 主权利转让后从权利并不随之转让

    D. 无论何种情形合同债权都可以转让

❻ 【多选】《合同法》规定的无效合同条件包括（   ）。

    A. 一方以胁迫手段订立合同，损害国家利益

    B. 损害社会公共利益

    C. 在订立合同时显失公平

    D. 恶意串通损害第三人利益

    E. 违反行政法规的强制性规定

❼ 【多选】根据《价格法》，经营者有权制定的价格有（   ）。

    A. 资源稀缺的少数商品价格

    B. 自然垄断经营的商品价格

    C. 属于市场调节的价格

    D. 属于政府定价产品范围的新产品试销价格

    E. 公益性服务价格

⑧【多选】下列有关违约金的表述中，错误的有（   ）。

    A. 合同中必须约定违约金

    B. 约定的违约金低于实际损失，当事人可以请求人民法院或仲裁机构予以增加

    C. 约定的违约金过分高于实际损失，当事人必须按约定的违约金执行

    D. 合同中未约定违约金，当事人一方可以要求对方依法支付违约金

    E. 违约方支付违约金后，对方仍有权要求其履行债务

二、答案与解析

① 【答案】B

【解析】本题考查的是合同效力。合同的成立，是指双方当事人依照有关法律对合同的内容进行协商并达成一致的意见。合同成立的判断依据是承诺是否生效。

② 【答案】A

【解析】本题考查的是合同效力。附条件合同：（1）当事人对合同的效力可以约定附条件。附生效条件的合同，自条件成就时生效。附解除条件的合同，自条件成就时失效。（2）当事人为自己的利益不正当地阻止条件成就的，视为条件已成就；不正当地促成条件成就的，视为条件不成就。

③ 【答案】B

【解析】本题考查的是合同效力。选项ACD为无效合同。

④ 【答案】B

【解析】本题考查的是合同效力。《合同法》规定，具有撤销权的当事人自知道或者应当知道撤销事由之日起1年内没有行使撤销权的，撤销权消灭。

⑤ 【答案】A

【解析】本题考查的是合同的变更和转让。债权转让权利的，债权人应当通知债务人。

⑥ 【答案】ABDE

【解析】本题考查的是合同效力。在订立合同时显失公平属于可变更或可撤销的合同条件。

⑦ 【答案】CD

【解析】本题考查的是《价格法》相关内容。选项ABE属于实行政府指导价或政府定价。

⑧ 【答案】ACD

【解析】本题考查的是违约责任的承担方式。A合同中不一定要约定违约金具体的数额；C约定违约金过分高于实际损失，可以请求法院或仲裁机构予以适当减少；合同中未约定违约金，按照赔偿损失的条款来执行。

1.2.1　工程造价咨询企业管理

1. 工程造价咨询企业资质等级标准

	甲级	乙级
已有资质	乙级证书满3年	未明确要求
技术负责人	已取得造价工程师注册证书，并具有工程或经济类高级专业技术职称，且从事工程造价专业工作15年以上	已取得造价工程师注册证书，并具有高级专业技术职称，从事工程造价专业工作10年以上
专职专业人员	专职专业人员不少于12人，中级职称或取得二级造价师注册证书的人员不少于10人，取得一级造价工程师注册证书不少于6人，其他人员有相关经历	专职专业人员不少于6人，中级职称或取得二级造价师注册证书的人员不少于4人，取得一级造价工程师注册证书不少于3人，其他人员有相关经历
劳动合同及职业年龄	签订劳动合同有符合规定的职业年龄	同甲级
营业收入	近三年工程造价咨询营业收入累计不低于500万	暂定50万元人民币
保险	专职人员的社会基本养老手续齐全	同甲级
违规	申请核定资质等级之日前3年内无违规行为	申请核定资质等级之日前无违规行为

2. 工程造价咨询企业业务承接

工程造价咨询企业应当依法取得工程造价咨询企业资质，并在其资质等级许可的范围内从事工程造价咨询活动。工程造价咨询企业依法从事工程造价咨询活动，不受行政区域限制。甲级工程造价咨询企业可以从事各类建设项目的工程造价咨询业务；乙级工程造价咨询企业可以从事工程造价2亿元人民币以下的各类建设项目的工程造价咨询业务。

（1）业务范围	①建设项目建议书及可行性研究投资估算、项目经济评价报告的编制和审核； ②建设项目概预算的编制与审核，并配合设计方案比选、优化设计、限额设计等工作进行工程造价分析与控制。 ③建设项目合同价款的确定（包括招标工程工程量清单和标底、投标报价的编制和审核）；合同价款的签订与调整（包括工程变更、工程洽商和索赔费用的计算）与工程款支付，工程结算及竣工结（决）算报告的编制与审核等；

（1）业务范围	④工程造价经济纠纷的鉴定和仲裁的咨询； ⑤提供工程造价信息服务等
（2）执业	①咨询合同及履行 工程造价成果文件应当由工程造价咨询企业加盖企业名称、资质等级及证书编号的执业印章，并由执行咨询业务的注册造价工程师签字，加盖执业印章。 ②执业行为准则
（3）跨省区承接业务	承接业务之日起30日内到建设工程所在地省、自治区、直辖市人民政府建设主管部门备案

3. 工程造价咨询企业的法律责任

（1）资质申请或取得的违规责任

资质违规情况	处罚
申请人隐瞒有关情况或者提供虚假材料申请工程造价咨询企业资质的	不予受理或者不予资质许可，并给予警告，申请人在1年内不得再次申请工程造价咨询企业资质（记忆：警告，1年）
以欺骗、贿赂等不正当手段取得工程造价咨询企业资质的	由县级以上地方人民政府建设主管部门或者有关专业部门给予警告，并处1万元以上3万元以下的罚款，申请人3年内不得再次申请工程造价咨询企业资质（记忆：警告，1~3万，3年）

（2）经营违规责任

经营违规情况	处罚
未取得工程造价咨询企业资质从事工程造价咨询活动或者超越资质等级承接工程造价咨询业务的	出具的工程造价成果文件无效，由县级以上地方人民政府建设主管部门或者有关专业部门给予警告，责令限期改正，并处以1万元以上3万元以下的罚款（记忆：无效，警告，1万~3万）
工程造价咨询企业不及时办理资质证书变更手续的	由资质许可机关责令限期办理；逾期不办理的，可处以1万元以下的罚款（记忆：限期，1万以下）
跨省、自治区、直辖市承接业务不备案的	由县级以上地方人民政府建设主管部门或者有关专业部门给予警告，责令限期改正；逾期未改正的，可处以5000元以上2万元以下的罚款（记忆：警告，限期，0.5万~2万）

（3）其他违规责任

其他违规情况	处罚
①涂改、倒卖、出租、出借资质证书，或者以其他形式非法转让资质证书； ②超越资质等级业务范围承接工程造价咨询业务； ③同时接受招标人和投标人或两个以上投标人对同一工程项目的工程造价咨询业务； ④以给予回扣、恶意压低收费等方式进行不正当竞争； ⑤转包承接的工程造价咨询业务； ⑥法律法规禁止的其他行为	由县级以上地方人民政府建设主管部门或者有关专业部门给予警告，责令限期改正，并处以1万元以上3万元以下的罚款（记忆：警告，责令限期，1万～3万）

1.2.2　造价工程师职业资格管理

1. 职业资格考试

（1）报考条件

造价工程师学历和专业要求	一级（业务年限）	二级（业务年限）
工程造价专业大学专科（或高等职业教育）	5年	2年
土木建筑、水利、装备制造、交通运输、电子信息、财经商贸大类大学专科（或高等职业教育）	6年	3年
工程管理、工程造价专业大学本科学历或学位	4年	1年
工学、管理学、经济学门类大学本科学历或学位	5年	2年
有工学、管理学、经济学门类硕士学位或者第二学士学位	3年	\
有工学、管理学、经济学门类博士学位	1年	\
有其他专业相应学历或学位的人员	前面年限上再加1年	

（2）考试科目

一级造价工程师	二级造价工程师
建设工程造价管理	建设工程造价管理基础知识
建设工程计价	建设工程计量与计价实务
建设工程技术与计量	\
建设工程造价案例分析	\
专业科目分为4个专业类别，即土木建筑工程、交通运输工程、水利工程和安装工程	

（3）职业资格证书

一级造价师	该证书全国范围内有效
二级造价师	该证书原则上在所在行政区域内有效

2. 注册

实行执业注册管理制度	取得职业资格证书，经注册方可以造价工程师名义执业
	造价工程师执业时应持注册证书和执业印章。注册证书、执业印章样式以及注册证书编号规则由住房城乡建设部会同交通运输部、水利部统一制定。执业印章由注册造价工程师按照统一规定自行制作

3. 执业

一级造价工程师	二级造价工程师
①项目建议书、可行性研究投资估算与审核，项目评价造价分析； ②建设工程设计概算、施工预算编制和审核； ③建设工程招标投标文件工程量和造价的编制与审核； ④建设工程合同价款、结算价款、竣工决算价款的编制与管理； ⑤建设工程审计、仲裁、诉讼、保险中的造价鉴定，工程造价纠纷调解； ⑥建设工程计价依据、造价指标的编制与管理； ⑦与工程造价管理有关的其他事项	①建设工程工料分析、计划、组织与成本管理，施工图预算、设计概算编制； ②建设工程量清单、最高投标限价、投标报价编制； ③建设工程合同价款、结算价款和竣工决算价款的编制

☑ 习题及答案解析

一、习题

❶【单选】根据《工程造价咨询企业管理办法》，已取得乙级工程造价咨询企业资质证书满（　　）年的企业，方可申请甲级资质。

　A. 2　　　　　　　　B. 4　　　　　　　　C. 3　　　　　　　　D. 6

❷【单选】甲级企业资质标准，专职专业人员不少于（　　）人，中级职称或取得二级造价师注册证书的人员不少于（　　）人，取得一级造价工程师注册证书不少于（　　）人，其他人员有相关经历。

　A. 12、10、6

　C. 20、10、6

　B. 20、16、10

　D. 12、16、10

❸【多选】按现行规定，下列关于工程造价咨询企业业务的承接说明，正确的是（　　）。

　A. 工程造价咨询企业从事造价咨询活动，不受行政区域的限制

　B. 乙级工程造价咨询企业只能从事工程造价3000万元人民币以下的各类建设项目的工程造价咨询业务

C. 工程造价咨询企业分支机构不得以自己的名义承接工程造价咨询业务

D. 工程造价咨询企业分支机构可以以自己的名义出具工程造价成果文件

E. 乙级工程造价咨询企业只能从事专业项目的工程造价咨询业务

④【单选】未取得工程造价咨询企业资质从事工程造价咨询活动或者超越资质等级承接工程造价咨询业务的，（ ）。

A. 出具的工程造价成果文件无效，但不给予处罚

B. 出具的工程造价成果文件无效，由有关部门给予处罚

C. 出具的工程造价成果文件有效，由有关部门给予处罚

D. 出具的工程造价成果文件有效，但不给予处罚

⑤【多选】下列属于工程造价咨询企业乙级资质标准的是（ ）。

A. 专职从事造价专业人员不少于6人

B. 技术负责人从事工程造价专业工作15年以上

C. 企业注册资本不少于人民币50万元

D. 具有固定的办公场所，人均办公建筑面积不少于10m²

E. 暂定期内工程造价咨询营业收入累计不低于人民币50万元

⑥【多选】根据《工程造价咨询企业管理办法》，工程造价咨询企业设立的分支机构不得以自己名义进行的工作有（ ）。

A. 承接工程造价咨询业务

B. 订立工程造价咨询合同

C. 委托工程造价咨询项目负责人

D. 组建工程造价咨询项目管理机构

E. 出具工程造价成果文件

二、答案与解析

①【答案】C

【解析】本题考查的是工程造价咨询企业管理。根据《工程造价咨询企业管理办法》，已取得乙级工程造价咨询企业资质证书满3年的企业，方可申请甲级资质。

②【答案】A

【解析】本题考查的是工程造价咨询企业管理。根据《工程造价咨询企业管理办法》的规定，甲级企业资质标准，专职专业人员不少于12人，中级职称或取得二级造价师注册证书的人员不少于10人，取得一级造价工程师注册证书不少于6人，其他人员有相关经历。

③【答案】AC

【解析】本题考查的是工程造价咨询企业管理。乙级工程造价咨询企业只能从事工程造价2亿元人民币以下的各类建设项目的工程造价咨询业务。

④【答案】B

【解析】本题考查的是工程造价咨询企业管理。未取得工程造价咨询企业资质从事工程造价咨询活动或者超越资质等级承接工程造价咨询业务的，出具的工程造价成果文件无效，由有关部门给予处罚。

⑤【答案】AE

【解析】本题考查的是工程造价咨询企业管理。专职从事造价专业人员不少于12人，技术负责人从事工程造价专业工作10年以上。在2020版教材中，企业注册资本不少于人民币50万元、具有固定的办公场所，人均办公建筑面积不少于10平方米的说法取消了。

⑥【答案】ABE

【解析】本题考查的是工程造价咨询企业管理。分支机构从事工程造价咨询业务，应当由总部负责承接工程造价咨询业务、订立工程造价咨询合同、出具工程造价成果文件。

第二章

工程项目管理

第一节　工程项目管理概述

第二节　工程项目实施模式

2.1.1　工程项目的组成与分类

1. 工程项目的组成

单项工程	有独立的设计文件，竣工后有独立完成生产能力，具有投资效益的一组配套齐全的工程项目（一般是指：独立生产的车间，厂房建筑，设备安装等）
单位工程	具备独立的施工条件并能形成独立使用功能的工程，规模较大，可划分为子单位工程（一般是指：土建工程，设备安装工程，工业管道工程）
分部工程	按建筑部位，专业性质确定，当较大或较复杂时，可按材料种类，工艺特点，施工程序，专业系统及类别等划分为子分部工程（如地基与基础、主体结构、装饰装修、建筑电气、建筑智能化、通风空调、建筑节能，电梯）
分项工程	按主要工种、材料、施工工艺，设备类别等进行划分（如土方开挖，土方回填，模板工程，钢筋工程，混凝土工程等）

2. 工程项目的分类

分类标准	具体划分	
投资效益和市场需求	①竞争性	如商务办公楼，酒店，度假村，高档公寓
	②基础性	交通，能源，水利，城市公用设施
	③公益性	科技，文教，卫生，体育和环保等设施
投资来源	①政府投资	按照其盈利性的不同，政府投资项目又可分为经营性政府投资项目和非经营性政府投资项目； 经营性政府投资项目应实行项目法人责任制； 非经营性政府投资项目可实施"代建制"
	②非政府投资	非政府投资项目一般均实行项目法人责任制

☑ 习题及答案解析

一、习题

❶【单选】对于一般工业与民用建筑工程而言，下列工程中，属于分部工程的是（　　）。

A. 工业管道工程　　　　　　　　　B. 电梯工程

C. 木门窗安装工程　　　　　　　　D. 土方开挖工程

❷ 【单选】对一般工业与民用建筑工程而言，下列工程中不属于分部工程的是（　　）。

A．建筑节能　　　　　　　　　　B．通风空调

C．设备安装　　　　　　　　　　D．电梯工程

❸ 【多选】根据《建筑工程施工质量验收统一标准》，分部工程可按（　　）划分。

A．建筑部位　　　B．施工工艺　　　C．材料种类　　　D．材料性质

E．专业性质

二、答案与解析

❶ 【答案】B

【解析】本题考查的是工程项目管理概述。A属于单位工程，C属于分项工程，D属于单位工程，D属于分项工程，因此选择B。

❷ 【答案】C

【解析】本题考查的是工程项目管理概述。ABD属于分部工程。地基与基础、主体结构、装饰装修、建筑屋面；建筑电气、建筑智能化、通风空调、电梯、建筑节能。

❸ 【答案】AE

【解析】本题考查的是工程项目管理概述。分部工程是指将单位工程按专业性质、建筑部位等划分的工程。

2.1.2 工程建设程序

见图2-1。

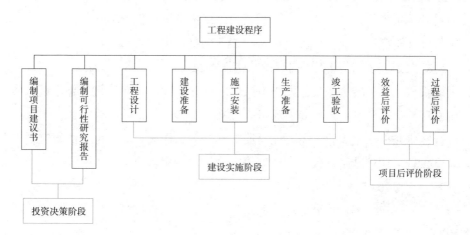

图2-1　工程建设程序

1. 投资决策阶段工作内容

编报项目建议书	①投资决策前对拟建项目的轮廓设想，主要作用是推荐建设项目并论述必要性、可行性、可能性。 ②项目建议书被批准了，不等于项目被批准，只是可以进行下面的可行性研究	
编报可行性研究报告	论证技术可行性和经济合理性。工作成果是"可行性研究报告"。	
	需完成以下工作： ①进行市场研究，以解决项目建设的必要性问题； ②进行工艺技术方案的研究，以解决项目建设的技术可行性问题； ③进行财务和经济分析，以解决项目建设的经济合理性问题	
投资决策管理制度	政府投资	审批制——严格审批其初步设计和概算；对于采用投资补助，转贷和贷款，贴息方式的政府投资项目，只审批资金申请报告
	非政府投资	核准制——《目录》以内的项目仅需向政府提交项目申请报告（政府核准的投资项目目录）
		备案制——《目录》以外的企业投资项目，实行备案制（政府核准的投资项目目录）

☑ 习题及答案解析

一、习题

❶【单选】**根据《国务院关于投资体制改革的决定》，对于采用投资补助、转贷和贷款贴息方式的政府投资项目，政府投资主管部门需要审批（   ）。**

A. 项目开工报告　　　　　　　　B. 资金申请报告

C. 初步设计概算　　　　　　　　D. 项目申请报告

❷【单选】**关于投资决策阶段工作内容说法错误的是（   ）。**

A. 采用投资补助、转贷和贷款贴息方式的政府投资项目，只审批资金申请报告

B. 项目建议书被批准了，不等于项目被批准

C. 可行性研究工作完成后，需要编写反映其全部工作成果的"可行性研究报告"

D. 政府投资采用核准制，仅需向政府提交项目申请报告

二、答案与解析

❶【答案】B

【解析】本题考查的是工程项目管理概述。采用投资补助、转贷和贷款贴息方式的，则只审批资金申请报告。

❷【答案】D

【解析】政府投资项目实行审批制；非政府投资项目实行核准制或登记备案制。

2. 建设实施阶段工作内容

1）工程设计	工程设计阶段及其内容	①初步设计。初步设计提出的总概算超过可行性研究报告总投资的10%以上或其他主要指标需要变动时，重新报批。 ②技术设计。进一步解决初步设计中的重大技术问题，如工艺流程、建筑结构、设备选型及数量确定等。 ③施工图设计。结合现场实际情况，完整地表现建筑外形，内部空间分割，结构体系，构造状况及建筑群组成和周围环境的配合
	施工图设计文件审查（记忆：强制、安全、绿色、签章）	①是否符合工程建设强制性标准； ②地基基础和主体结构的安全性； ③消防安全性； ④人防工程（不含人防指挥工程）防护安全性； ⑤是否符合民用建筑节能强制性标准，对执行绿色建筑标准的项目，是否符合绿色标准； ⑥勘察设计企业和注册执业人员以及相关人员是否按规定在施工图上加盖相应的图章和签字； ⑦法律、法规、规章规定必须审查的其他内容
	任何单位或者个人不得擅自修改审查合格的施工图。确需修改的，凡涉及上述审查内容的，建设单位应当将修改后的施工图送原审查机构审查	
2）建设准备	①征地、拆迁和场地平整； ②完成施工用水、电、通信、道路等接通工作； ③组织招标选择监理单位、施工单位及设备、材料供应商； ④准备必要的施工图纸； ⑤办理工程质量监督和施工许可手续。 a. 施工图设计文件审查报告和批准书； b. 中标通知书和施工、监理合同； c. 建设单位、施工单位和监理单位工程项目的负责人和机构组成； d. 施工组织设计和监理规划； e. 其他需要的文件资料。 建设单位在开工前应当向工程所在地县级以上人民政府建设行政主管部门申请领取施工许可证。无证不得开工	
3）施工安装	①永久性工程，以破土开槽作为开工日期； ②无需开槽的，以打桩作为开工日期； ③铁路，公路，水库等，以土石方工程作为开工日期。 ④分期建设的项目分别按各期工程开工的日期计算，如二期工程应根据工程设计文件规定的永久性工程开工的日期计算	
4）生产准备	①招收和培训生产人员； ②组织准备（管理机构设置，制度规定的制定等）； ③技术准备（生产方案，新技术）； ④物资准备（落实原材料，协助配合条件）	

5）竣工验收	①竣工验收范围和标准 a. 工业项目：投料试车（带负荷运转）合格，形成生产能力的； b. 非工业项目：符合设计要求，能够正常使用的； 都应及时组织验收，办理固定资产移交手续
	②竣工验收准备工作 整理技术资料→绘制竣工图→编制竣工决算 a. 按图施工没有变动的，由承包人在原施工图上加盖"竣工图"标志后，即作为竣工图。 b. 有一般性设计变更，由承包人负责在原施工图（必须是新蓝图上）上注明修改的部分，并附以设计变更通知单和施工说明，加盖"竣工图"标志后，作为竣工图。 c. 凡结构形式改变、施工工艺改变、平面布置改变、项目改变以及有其他重大改变，应重新绘制改变后的竣工图。承包人负责在新图上加盖"竣工图"标志，并附以有关记录和说明，作为竣工图
	③竣工验收程序和组织 项目主管部门或建设单位向负责验收的单位提出竣工验收申请报告。 竣工验收要根据投资主体、工程规模及复杂程度由政府有关部门或建设单位组成验收委员会或验收组

3. 项目后评价

项目后评价是工程项目实施阶段管理的延伸。基本方法是对比法。建成投产后所取得的实际效果、经济效益和社会效益、环境保护等情况与投资决策阶段的预测情况相对比。

1）效益后评价	经济、环境、社会后评价、项目可持续性、项目综合效益后评价
2）过程后评价	对工程项目立项决策、设计施工、竣工投产、生产运营等全过程进行系统分析，找出项目后评价与原预期效益之间的差异及其产生原因，使后评价结论有根有据，同时针对问题提出解决办法

☑ 习题及答案解析

一、习题

❶【单选】建设单位在办理工程质量监督注册手续时，需提供（　　）。

    A. 施工图设计文件　　　　　　　　　B. 专项施工方案

    C. 施工组织设计　　　　　　　　　　D. 投标文件

❷【单选】根据《建筑工程施工图设计文件审查暂行办法》，施工图设计文件应当由（　　）委托有关审查机构进行审查。

    A. 建设单位　　　　　　　　　　　　B. 工程质量监督单位

    C. 工程监理单位　　　　　　　　　　D. 建设行政主管部门

❸ 【多选】根据现行有关规定，建设项目经批准开工建设后，其正式开工时间应是（　　）的时间。

    A. 铁路工程开始进行土石方工程

    B. 公路工程开始进行现场准备

    C. 在不需要开槽的情况下正式开始打桩

    D. 水库等工程开始进行测量放线

    E. 任何一项永久性工程第一次正式破土开槽

❹ 【单选】根据《房屋建筑和市政基础设施工程施工图设计文件审查管理办法》，施工图审查机构需要对施工图涉及公共利益、公众安全和（　　）的内容进行审查。

    A. 施工技术方案　　　　　　　B. 工程建设强制性标准

    C. 施工组织方案　　　　　　　D. 施工图预算

二、答案与解析

❶ 【答案】C

    【解析】本题考查的是工程项目管理概述。建设单位在办理工程质量监督注册手续时，需提供：①施工图设计文件审查报告和批准书；②中标通知书和施工、监理合同；③建设单位、施工单位和监理单位工程项目的负责人和机构组成；④施工组织设计和监理规划。

❷ 【答案】A

    【解析】本题考查的是工程项目管理概述。建设单位应当将施工图送施工图审查机构审查。

❸ 【答案】ACE

    【解析】本题考查的是工程项目管理概述。开工时间：①永久性工程，破土开槽；②无需开槽，打桩；③铁路、公路、水库等以土石方工程。

❹ 【答案】B

    【解析】本题考查的是工程项目管理概述。施工图审查内容的第一条就是"是否符合工程建设强制性标准"。

2.1.3　工程项目管理目标和内容

项目管理是指在一定约束条件下，为达到项目目标（在规定的时间和预算费用内达到所要求的质量）而对项目所实施的计划、组织、指挥、协调和控制过程。

1. 项目管理知识体系

项目管理知识体系包括10个知识领域，即整合管理、范围管理、进度管理、费用管理、质量管理、资源管理、沟通管理、风险管理、采购管理和利益相关者管理。

2. 项目管理的核心

工程项目管理的核心是控制项目基本目标（质量、造价、进度），最终实现项目功能，以满足项目使用者及利益相关者需求。

工程项目质量、造价和进度三大目标关系：对立统一。

3. 工程项目管理类型和内容

参与方	目标			项目管理涉及阶段	内容
	进度	质量	费用		
业主方	动用（交付）	所有质量	总投资	实施阶段全过程	①合同管理 ②组织协调 ③目标控制 ④风险管理 ⑤信息管理 ⑥环保节能
设计方	设计进度	设计质量	设计成本+项目投资	主要在设计阶段，延伸到施工、竣工阶段	
总包方	总包进度	总包质量	总投资+成本	实施阶段全过程	
施工方	施工进度	施工质量	施工成本	合同界定的工程范围	
供货方	供货进度	供货质量	成本	合同所界定的任务	

（记忆：环保节能必须做到"三同时"，即主体工程与环保措施工程同时设计、同时施工、同时投入运行。）

☑ 习题及答案解析

一、习题

〔单选〕**建设工程项目管理工作的核心任务是（   ）。**

A．为项目建设的决策和实施增值

B．实现工程项目实施阶段的建设目标

C．为工程建设和使用增值

D．项目的目标控制

二、答案与解析

【答案】D

【解析】本题考查的是工程项目管理概述。工程项目管理的核心是控制项目基本目标（质量、造价、进度），最终实现项目功能，以满足项目使用者及利益相关者需求。

第二节　工程项目实施模式

2.2.1　项目融资模式

概念	项目融资是指以拟建项目资产、预期收益、预期现金流量等为基础进行的一种融资，而不是以项目投资者或发起人的资信为依据进行融资。债权人在项目融资过程中主要关注项目在贷款期内能产生多少现金流量用于还款，能够获得的贷款数量、融资成本高低及融资结构设计等都与项目的预期现金流量和资产价值紧密联系在一起
模式	近年来，常见的项目融资模式有BOT/PPP、ABS等模式

1. BOT/PPP模式

指由项目所在国政府或其所属机构为项目建设和经营提供一种特许权协议作为项目融资基础，由本国公司或者外国公司作为项目投资者和经营者，进行工程项目建设，并在特许权协议期间经营项目获取商业利润。特许期满后，根据协议将该项目转让给相应政府机构。（记忆：图2-2时间关系）

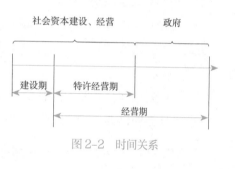

图2-2　时间关系

（1）BOT模式三种基本形式

标准BOT 建设-经营-移交 Build–Operate–Transfer	投资财团愿意自己融资，建设某项基础设施，并在项目所在国政府授予的特许期内经营该公共设施，以经营收入抵偿建设投资，并获得一定收益，经营期满后将此设施转让给项目所在国政府
BOOT 建设-拥有-经营-移交 Build–Own–Operate–Transfer	BOOT与BOT的区别在于：BOOT在特许期内既拥有经营权，又拥有所有权。此外，BOOT的特许期要比BOT的长一些
BOO 建设-拥有-经营 Build–Own–Operate	特许项目公司根据政府的特许权建设并拥有某项基础设施，但最终不将该基础设施移交给项目所在国政府

（2）BOT模式演变形式

TOT 移交-运营-移交 Transfer–Operate–Transfer	项目所在国政府将已投产运行的项目在一定期限内移交给外商经营，以项目在该期限内的现金流量为标的，一次性地从外商处筹得一笔资金，用于建设新项目。待外商经营期满后，再将原项目移交给项目所在国政府。与BOT模式相比，采用TOT模式时，融资对象更为广泛，可操作性更强，使项目引资成功的可能性增加

TBT 移交-建设-移交 Transfer-Build-Transfer	政府通过招标将已运营一段时间的项目和未来若干年的经营权无偿转让给投资人；投资人负责组建项目公司去建设和经营待建项目；项目建成开始运营后，政府从BOT项目公司获得与项目经营权等值的收益；按照TOT和BOT协议，投资人相继将项目经营权归还给政府。TBT模式的实质是政府将一个已建项目和一个待建项目打包处理，获得一个逐年增加的协议收入（来自待建项目），最终收回待建项目的所有权
BT 建设-移交 Build-Transfer	是指政府在项目建成后从民营机构中购回项目（可一次支付也可分期支付）。与政府借贷不同，政府用于购买项目的资金往往是事后支付（可通过财政拨款，但更多的是通过运营项目收费来支付）；民营机构用于项目建设的资金大多来自银行的有限追索权贷款。事实上，如果建设资金不是来自银行的有限追索权贷款，BT模式实际上就成为"垫资承包"或"延期付款"，这样便超出了项目融资范畴

（3）PPP模式及其分类

PPP（Public – Private – Partnership）模式有广义和狭义之分。

狭义的PPP模式被认为是具有融资模式的总称，包含BOT、TOT、TBT等多种具体运作模式。

广义的PPP模式是指政府与社会资本为提供公共产品或服务而建立的各种合作关系。广义PPP模式分为外包类、特许经营类和私有化类三种。

外包类	社会资本方：公共基础设施的设计、建造、运营和维护等一项或多项职责，或者部分公共服务的管理、维护等职责； 政府：出资并承担项目经营和收益风险； 社会资本方通过政府付费实现收益，承担的风险相对较少
特许经营类	社会资本方参与部分或者全部投资，政府与社会资本方就特许经营权签署合同，双方共担项目风险、共享项目收益。在特许经营权期满之后，将公共基础设施交还给政府，如BOT、TOT
私有化类	社会资本方负责项目全部投资建造、运营管理等，政府只负责监管社会资本方的定价和服务质量，避免社会资本方由于权力过大影响公共福利。 社会资本方在私有化类PPP项目中承担的风险最大

（4）PPP模式运作流程

PPP项目运作可分为项目识别、项目准备、项目采购、项目执行、项目移交五个阶段。

2. ABS模式

ABS意指有资产支持的证券化。以拟建项目所拥有的资产为基础，以该项目资产的未来收益为保证，通过在国际资本市场上发行债券筹集资金的一种项目融资方式。

（1）ABS模式运作过程

过程	①组建特定用途公司SPC（Special Purpose Corporation）。SPC可以是一个信托投资公司、信用担保公司、投资保险公司或其他独立法人，该机构应能够获得国际权威资信评估机构较高级别的信用等级。由于SPC是进行ABS融资的载体，成功组建SPC是ABS能够成功运作的基本条件和关键因素
	②SPC与项目结合。SPC要寻找可以进行资产证券化融资的对象。一般地，投资项目所依附的资产只要在未来一定时期内能带来现金收入，就可以进行ABS融资。这些未来现金流量所代表的资产，是ABS融资模式的物质基础。SPC与项目的结合，就是以合同、协议等方式将原始权益人所拥有的项目资产的未来现金收入权利转让给SPC，转让的目的在于将原始权益人本身的风险割断
	③进行信用增级
	④SPC发行债券
	⑤SPC偿债

（2）ABS与BOT/PPP的区别

ABS模式和BOT/PPP模式都适用于基础设施项目融资。

不同点	BOT/PPP	ABS
运作繁简程度与融资成本	BOT/PPP模式的操作复杂、难度大。必须经过项目确定、项目准备、招标、谈判、合同签署、建设、运营、维护、移交等阶段，涉及政府特许以及外汇担保等诸多环节，牵扯的范围广，不易实施，其融资成本也因中间环节多而增高	只涉及原始权益人、特定用途公司SPC、投资者、证券承销商等几个主体，无需政府的特许及外汇担保，是一种主要通过民间非政府途径运作的融资方式。ABS模式操作简单，融资成本低
项目所有权、运营权	在特许期内属于项目公司，特许期届满，所有权将移交给政府。可以引进国外先进的技术和管理，但会使外商掌握项目控制权	在债券发行期内，项目资产的所有权属于SPC，项目的运营决策权则属于原始收益人。但不能得到国外先进的技术和管理经验
投资风险	投资人一般都为企业或金融机构，每一个投资者承担的风险相对较大	投资者是债券购买者，数量众多，分散了投资风险
适用范围	非政府资本介入基础设施领域，因此某些关系国计民生的要害部门不能采用	在债券发行期间，项目的资产所有权虽然归SPC所有，但项目经营决策权依然归原始权益人所有。不必担心重要项目被外商控制

☑ 习题及答案解析

一、习题

1 【单选】采用ABS方式融资，组建SPC作用是（　　）。

　　A. 由SPC公司运营项目

　　B. SPC公司作为项目法人

　　C. 由SPC公司与商业银行签订贷款协议

　　D. 由SPC公司直接在资金市场上发行债券

2 【单选】采用ABS融资方式进行项目融资的物质基础是（　　）。

　　A. 债权发行机构的注册资金

　　B. 项目原始权益人的全部资产

　　C. 债权承销机构的担保资产

　　D. 具有可靠未来现金流量的项目资产

3 【多选】与ABS融资方式相比，BOT融资方式的特点是（　　）。

　　A. 融资成本较高　　　　　　　　　B. 牵扯范围广

　　C. 运营方式灵活　　　　　　　　　D. 融资成本较低

　　E. 投资风险大

二、答案与解析

1 【答案】D

　　【解析】本题考查的是工程项目实施模式。SPC直接在资本市场上发行债券募集资金。

2 【答案】D

　　【解析】本题考查的是工程项目实施模式。具有未来现金流量所代表的资产，是ABS融资模式的物质基础。

3 【答案】ABE

　　【解析】本题考查的是工程项目实施模式。BOT/PPP模式的操作复杂、难度大。必须经过项目确定、项目准备、招标、谈判、合同签署、建设、运营、维护、移交等阶段，涉及政府特许以及外汇担保等诸多环节，牵扯的范围广，不易实施，其融资成本也因中间环节多而增高。投资人一般都为企业或金融机构，每一个投资者承担的风险相对较大。

2.2.2　业主方项目组织模式

业主或建设单位是建设工程项目管理核心，在工程项目管理中占主导地位。

1. 项目管理承包（PMC）

指业主聘请专业工程公司或咨询公司，代表其在项目实施全过程或其中若干阶段进行项目管理。业主仅需保留很少部分项目管理力量对一些关键问题进行决策，绝大部分项目管理工作均由项目管理承包商承担。

类型	管理+设计、采购、施工（EPC）	只管理	作为业主顾问，对项目进行监督和检查，并及时向业主报告工程进展情况（不管理）
风险与回报	风险高，相应的利润、回报也较高	风险和回报均较低	风险最低，接近于零，但回报也低

PMC工作内容（图2-3）

工程项目采用EPC总承包模式时可分为项目前期和项目实施两个阶段。

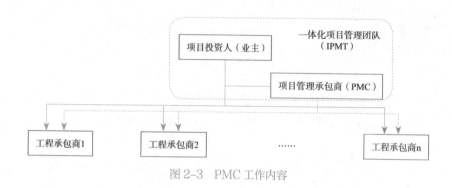

图2-3 PMC 工作内容

2. 工程代建制

概念	代建制是一种针对非经营性政府投资项目的建设实施组织方式，专业化的工程项目管理单位作为代建单位，在工程项目建设过程中按照委托合同的约定代行建设单位职责		
性质	1）工程代建的性质是工程建设的管理和咨询。 2）不存在经营性亏损或盈利，只收取代理费、咨询费。如果在项目建设期间节省了投资，可按约定从中提取一部分作为奖金。 3）不参与工程项目前期的策划决策和建成后的经营管理，也不对投资收益负责。 4）代建单位须提交工程概算投资10%左右的履约保函。 5）代建单位要承担相应的管理、咨询风险		
对比	不同点	法人责任制	代建制
	项目管理责任范围	策划决策及建设实施过程	建设实施阶段
	项目建设资金责任	负责筹措建设资金，偿还贷款及对投资方的回报	不负责筹措资金和偿还贷款
	项目保值增值责任	需要在项目全寿命期内负责资产的保值增值	不负责项目运营期间的资产保值增值
	适用的工程对象	政府投资的经营性项目	政府投资的非经营性项目（主要是公益性项目）

☑ 习题及答案解析

一、习题

① 【单选】在工程代建制模式中，工程代建单位不参与工程项目的策划决策和经营管理，不对投资收益负责。一般需要提交工程概算投资（　　）左右的履约保函。

    A. 15%　　　　　　B. 5%　　　　　　C. 20%　　　　　　D. 10%

② 【单选】以下关于工程代建制下代建单位责任的说法中，错误的表述是（　　）。

    A. 不对项目的投资收益负责

    B. 不对项目运营期间资产保值增值负责

    C. 在项目建设过程中不承担管理咨询风险

    D. 不参与项目前期决策

二、答案与解析

① 【答案】D

    【解析】本题考查的是工程项目实施模式。工程项目代建合同生效后，为了保证政府投资的合理使用，代建单位须提交工程概算投资10%左右的履约保函。

② 【答案】C

    【解析】本题考查的是工程项目实施模式。如果代建单位未能完全履行代建合同义务，擅自变更建设内容、扩大建设规模、提高建设标准，致使工期延长、投资增加或工程质量不合格，应承担所造成的损失或投资增加额，由此可见，代建单位要承担相应的管理、咨询风险。

2.2.3 项目承发包模式

承发包模式	合同形式	优缺点
DBB模式（Design-Bid-Build）	建设单位分别与工程勘察设计单位、施工单位签订合同	优点：各自行使其职责和履行义务，责权利分配明确； 缺点：建设周期长，设计与施工分离，设计变更可能更频繁，建设单位协调工作量大
DB/EPC模式 DB（设计-建造） EPC（设计-采购-施工）	工程总承包模式。 DB/EPC模式能够为建设单位提供工程设计和施工全过程服务	优点：有利于缩短建设工期；便于建设单位提前确定工程造价；使工程项目责任主体单一化；减轻建设单位合同管理的负担 缺点：道德风险高；建设单位前期工作量大；工程总承包单位报价高

承发包模式	合同形式	优缺点
CM模式 （Construction Management）	由建设单位委托一家CM单位承担项目管理工作，该CM单位以承包商身份进行施工管理，使工程项目实现有条件的"边设计、边施工"	特别适用：实施周期长、工期要求紧迫的大型复杂工程项目。 优点：不仅有利于缩短建设周期，而且有利于控制工程质量和造价（记忆：CM将各种优点集于一身）
Partnering模式	不是一种独立存在的模式，要与工程项目其他承包模式中的某一种结合使用	特征：出于自愿、高层管理者参与、Partnering协议不是法律意义上的合同、信息开放

☑ 习题及答案解析

一、习题

❶ 【单选】CM（Construction Management）承包模式的特点是（　　）。

    A. 建设单位与分包单位直接签订合同

    B. 采用流水施工法施工

    C. CM单位可赚取总分包之间的差价

    D. 采用快速路径法施工

❷ 【多选】关于项目承发包模式，下列说法正确的有（　　）。

    A. 采用CM模式，不仅有利于缩短建设周期，而且有利于控制工程质量和造价

    B. 采用DB/EPC模式，对工程总承包单位的综合实力和管理水平有较高要求

    C. 采用DB/EPC模式，不利于缩短建设周期

    D. Partnering模式是一种独立存在的承发包模式

    E. 采用DBB模式，建设单位直接管理工程设计和施工

二、答案与解析

❶ 【答案】D

    【解析】本题考查的是工程项目实施模式。CM（Construction Management）模式是指由建设单位委托一家CM单位承担项目管理工作，该CM单位以承包商身份进行施工管理，使工程项目实现有条件地"边设计、边施工"。

❷ 【答案】ABE

    【解析】本题考查的是工程项目实施模式。采用DB/EPC模式，有利于缩短建设周期。Partnering模式不是一种独立存在的模式，它通常需要与工程项目其他承包模式中的某一种结合使用。

第三章

工程造价构成

第一节 概述

第二节 建设项目总投资及工程造价

第三节 建筑安装工程费

第四节 设备及工器具购置费

第五节 工程建设其他费用

第六节 预备费和建设期利息

3.1.1　工程造价的含义

工程造价是工程项目在建设期预计或实际支出的建设费用。

工程造价是指工程项目从投资决策开始到竣工投产所需的建设费用。

3.1.2　各阶段工程造价的关系和控制

1. 工程建设各阶段工程造价的关系（图3-1）：

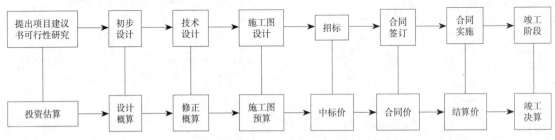

图 3-1　工程建设各阶段工程造价关系示意图

2. 工程建设各阶段工程造价的控制

原则	①以设计阶段为重点的建设全过程造价控制； ②主动控制，以取得令人满意的结果； ③技术与经济相结合是控制工程造价最有效的手段

3. 工程造价控制的主要内容

项目决策阶段	确定投资估算的总额，将投资估算的误差率控制允许的范围之内。 投资估算可对工程造价起到指导性和总体控制的作用
初步设计阶段	初步设计是工程设计投资控制的最关键环节，经批准的设计概算是工程造价控制最高限额，也是控制工程造价的主要依据
施工图设计阶段	以被批准的设计概算为控制目标，应用限额设计、价值工程等方法进行施工图设计
工程施工招标阶段	初步确定工程的合同价。 业主通过施工招标，择优选定承包商，是工程造价控制的重要手段
工程施工阶段	通过控制工程变更、风险管理等方法，合理确定进度款和结算款，控制工程费用的支出。施工阶段是工程造价的执行和完成阶段
竣工验收阶段	全面汇总工程建设中的全部实际费用，编制竣工结算与决算

3.1.3 完善工程全过程造价服务的主要任务和措施

建立全过程 管理制度	建立健全工程造价全过程管理制度，实现工程项目投资估算、概算与最高投标限价、合同价、结算价政策衔接。注重工程造价与招投标、合同的管理制度协调，形成制度合力，保障工程造价的合理确定和有效控制
完善价款 结算办法	完善建设工程价款结算办法，转变结算方式，推行过程结算，简化竣工结算。建筑工程在交付竣工验收时，必须具备完整的技术经济资料，鼓励将竣工结算书作为竣工验收备案的文件，引导工程竣工结算按约定及时办理，遏制工程款拖欠
推行全过程 造价咨询	推行工程全过程造价咨询服务，更加注重工程项目前期和设计的造价确定。充分发挥造价工程师的作用，从工程立项、设计、发包、施工到竣工全过程，实现对造价的动态控制

☑ 习题及答案解析

一、习题

❶【单选】建设工程项目投资决策完成后，控制工程造价的关键在于（　　）。

　　A．工程施工　　　　B．工程招标　　　　C．工程设计　　　　D．工程结算

❷【单选】为了有效地控制工程造价，应将工程造价管理的重点放在工程项目的（　　）阶段。

　　A．初步设计和招标　　　　　　　B．施工图设计和预算

　　C．策划决策和设计　　　　　　　D．方案设计和概算

❸【单选】为了有效地控制建设工程造价，造价工程师可采取的组织措施是（　　）。

　　A．重视工程设计多方案的选择　　　B．明确造价控制者及其任务

　　C．严格审查施工组织设计　　　　　D．严格审核各项费用支出

二、答案与解析

❶【答案】C

　　【解析】本题考查的是工程造价组成概述。工程造价控制的关键在于施工前的投资决策和设计阶段，而在项目做出投资决策后，控制工程造价的关键就在于设计。

❷【答案】C

　　【解析】本题考查的是工程造价组成概述，工程造价管理的关键在于前期决策和设计阶段，而在项目投资决策后，控制工程造价的关键就在于设计。

❸【答案】B

　　【解析】本题考查的是工程造价组成概述，技术与经济相结合是控制工程造价最有效的手段。要有效地控制工程造价，应从组织、技术、经济等多方面采取措施。从组织上采

取的措施，包括明确项目组织结构，明确造价控制者及其任务，明确管理职能分工；从技术上采取措施，包括重视设计的多方案选择，严格审查监督初步设计、技术设计、施工图设计、施工组织设计，深入技术领域研究节约投资的可能；从经济上采取措施，包括动态地比较造价的计划值和实际值，严格审核各项费用支出，采取对节约投资的有力奖励措施等。

3.2.1　建设项目总投资的含义

建设项目总投资：指为完成工程项目建设并达到使用要求或生产条件，在建设期内预计或实际投入的全部费用总和。

生产性建设项目总投资：包括工程造价（或固定资产投资）和流动资金（或流动资产投资）。

非生产性建设项目总投资：一般仅指工程造价（建设投资+建设期利息，没有流动资金）。

3.2.2　建设项目总投资的构成

建设项目总投资的构成内容如图3-2所示。

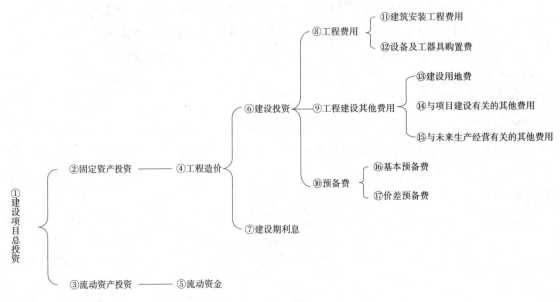

图3-2　建设项目总投资构成

3.2.3 建设项目总投资相关名词解释

序号	名称	名词解释
①	建设项目总投资	为完成工程项目建设并达到使用要求或生产条件，在建设期内预计或实际投入的总费用（生产性建设项目总投资包括建设投资和铺底流动资金两部分；非生产性建设项目总投资则只包括建设投资）
②	固定资产投资	建设投资和建设期利息之和对应于固定资产投资，固定资产投资与建设项目的工程造价在量上相等
③	流动资产投资	项目在投产前预先垫付、在投产后生产经营过程中周转使用的资金
④	工程造价	工程项目在建设期预计或实际支出的建设费用
⑤	流动资金	为进行正常生产运行，用于购买原材料、燃料，支付工资及其他经营费用等所需的周转资金
⑥	建设投资	为完成工程项目建设在建设期内投入且形成现金流出的全部费用
⑦	建设期利息	在建设期内应计的利息和在建设期内为筹集项目资金发生的费用
⑧	工程费用	建设期内直接用于工程建造、设备购置及其安装的费用，包括建筑工程费、设备购置费和安装工程费
⑨	工程建设其他费用	建设期发生的建设用地、与项目建设有关的其他费用以及与未来生产经营有关的费用
⑩	预备费	在建设期内因各种不可预见因素的变化而预留的可能增加的费用，包括基本预备费和价差预备费
⑪	设备及工器具购置费	由设备购置费、工器具及生产家具购置费组成，是固定资产投资中的积极部分
⑫	建筑安装工程费	为完成工程项目建造、生产性设备及配套工程安装所需的费用，包括建筑工程费用和安装工程费用
⑬	建设用地费	为获得工程项目建设土地的使用权而在建设期内发生的各种费用
⑭	与项目建设有关的其他费用	建设管理费、可行性研究费、研究试验费、勘察费、设计费、专项评价费、场地准备费和临时设施费、工程保险费、特殊设备安全监督检验费、市政公用设施费
⑮	与未来生产经营有关的其他费用	包括联合试运转费、专利及专有技术使用费、生产准备费等
⑯	基本预备费	在项目实施中可能发生难以预料的支出，需要预先预留的费用，又称不可预见费
⑰	价差预备费	为在建设期内利率、汇率或价格等因素的变化而预留的可能增加的费用，也称为价格变动不可预见费

3.3.1　按费用构成要素划分

按费用构成要素划分的内容如图3-3所示。

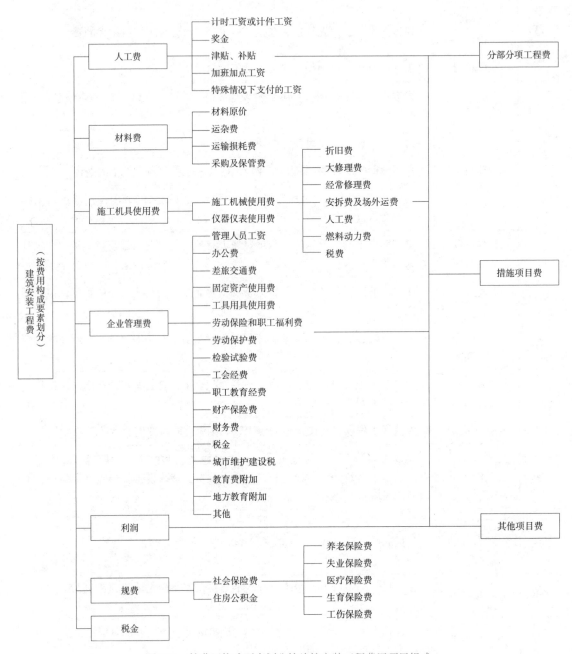

图 3-3　按费用构成要素划分的建筑安装工程费用项目组成

1. 人工费

概念	包含内容
人工费是指支付给直接从事建筑安装工程施工作业的生产工人的各项费用	①计时或计件工资：是指按计时工资标准和工作时间或对已做工作按计件单价支付给个人的劳动报酬
	②奖金：指对超额劳动和增收节支支付给个人的劳动报酬。如节约奖、劳动竞赛奖等
	③津贴补贴：如流动施工津贴、特殊地区施工津贴、高温（寒）作业临时津贴、高空津贴等
	④加班加点工资：是指按规定支付的在法定节假日工作的加班工资和在法定工作日时间外延时工作的加点工资
	⑤特殊情况下支付的工资：因病、工伤、产假、计划生育假、婚丧假、事假、探亲假、定期休假、停工学习、执行国家或社会义务等原因按计时工资标准或计时工资标准的一定比例支付的工资

2. 材料费

概念	包含内容
材料费是指施工过程中耗费的原材料、辅助材料、构配件、零件、半成品或成品、工程设备的费用，以及周转材料等的摊销、租赁费用。 材料费的基本计算公式为： 材料费＝材料消耗量×材料单价 净量+不可避免损耗量 材料原价 +材料运杂费 +运输损耗费 +采购及保管费 （当采用一般计税方法时，材料单价中的材料原价、运杂费等需扣除增值税进项税额。）	①材料消耗量：是指在正常施工生产条件下，完成规定计量单位的建筑安装产品所消耗的各类材料的净用量和不可避免的损耗量
	②材料单价：是指建筑材料从其来源地运到施工工地仓库直至出库形成的综合平均单价。由材料原价、运杂费、运输损耗费、采购及保管费组成
	a. 材料原价：是指材料的出厂价格或商家供应价格 b. 运杂费：是指材料自来源地运至工地或指定堆放地点所发生的包装、捆扎、运输、装卸等费用 c. 运输损耗费：是指材料在运输装卸过程中不可避免的损耗。 d. 采购及保管费：是指为组织采购和保管材料的过程中所需要的各项费用
	③工程设备：是指构成或计划构成永久工程一部分的机电设备、金属结构设备、仪器装置及其他类似的设备和装置

3. 施工机具使用费

概念	包含内容
施工机具使用费是指施工作业所发生的施工机械、仪器仪表使用费或其租赁费	①施工机械使用费 施工机械使用费 = 施工机械台班耗用量 × 施工机械台班单价 ⇑ 通常由折旧费、检修费、维护费、安拆费及场外运费、人工费、燃料动力费和其他费用组成
	②仪器仪表使用费 仪器仪表使用费 = 施工仪器仪表耗用量 × 仪器仪表台班单价 ⇑ 由四项费用组成，包括折旧费、维护费、校验费、动力费等。施工仪器仪表台班单价中的费用组成不包括检测软件的相关费用

4. 企业管理费

概念	包含内容
企业管理费是指建筑安装企业组织施工生产和经营管理所发生的费用	①管理人员工资。 ②办公费。 ③差旅交通费。
	④固定资产使用费：管理和试验部门等使用的属于固定资产的房屋、设备等的折旧、大修、维修、租赁费。 ⑤工具用具使用费：指企业施工生产和管理使用的不属于固定资产的工具、器具、家具、交通工具和检验、试验、测绘、消防用具等的购置、维修和摊销费。当采用一般计税方法时，工具用具使用费中增值税进项税额的扣除原则：以购进货物或接受修理修配劳务适用的税率扣减，均为13%
	⑥劳动保险和职工福利费：由企业支付的职工退职金、按规定支付给离休干部的经费，集体福利费、夏季防暑降温、冬季取暖补贴、上下班交通补贴等。 ⑦劳动保护费：企业按规定发放的劳动保护用品的支出。如工作服、手套、防暑降温饮料以及在有碍身体健康的环境中施工的保健费用等
	⑧检验试验费：一般鉴定、检查所发生的费用，包括自设试验室进行试验所耗用的材料等费用。 不包括新结构、新材料的试验费，对构件做破坏性试验及其他特殊要求检验试验的费用和建设单位委托检测机构进行检测的费用，对此类检测发生的费用，由建设单位在工程建设其他费用中列支，检测不合格，则施工方自行支付。
	⑨工会经费。 ⑩职工教育经费。 ⑪财产保险费：施工管理用财产、车辆等的保险费用。 ⑫财务费：企业为施工生产筹集资金或提供预付款担保、履约担保、职工工资支付担保所发生的各种费用。

概念	包含内容
企业管理费是指建筑安装企业组织施工生产和经营管理所发生的费用	⑬税金：企业缴纳的房产税、非生产性车船使用税、土地使用税、印花税、城市维护建设税、教育费附加、地方教育费附加。 ⑭其他：包括技术转让费、技术开发费、投标费、业务招待费、绿化费、广告费、公证费、法律顾问费、审计费、咨询费、保险费等

5. 利润

利润是指施工单位从事建筑安装工程施工所获得的盈利。

6. 规费

概念	包含内容
规费是指按国家法律、法规规定，由省级政府和省级有关权力部门规定施工单位必须缴纳，应计入建筑安装工程造价的费用	1）社会保险费 ①养老保险费：是指企业按照规定标准为职工缴纳的基本养老保险费。 ②失业保险费：是指企业按照规定标准为职工缴纳的失业保险费。 ③医疗保险费：是指企业按照规定标准为职工缴纳的基本医疗保险费。 ④生育保险费：是指企业按照规定标准为职工缴纳的生育保险费。 ⑤工伤保险费：是指企业按照规定标准为职工缴纳的工伤保险费
	2）住房公积金：是指企业按规定标准为职工缴纳的住房公积金
	3）其他应列而未列入的规费，按实际发生计取

7. 增值税

按国家税法规定应计入建筑安装工程造价内的增值税销项税额，按税前造价乘以增值税税率确定。

☑ 习题及答案解析

一、习题

❶ 【单选】某项目建筑安装工程费为3000万，设备及工器具购置费为1200万，工程建设其他费为500万，基本预备费100万，价差预备费150万，建设期利息120万，流动资金700万，则该项目的工程造价为（　）万元。

A. 5650　　　　　　　　　　B. 5070

C. 4800　　　　　　　　　　D. 4950

❷ 【单选】企业按规定发放的工作服发生的费用应计入（　）。

A. 人工费　　　　　　　　　B. 材料费

C. 企业管理费　　　　　　　　　　D. 规费

③ 【单选】施工企业按照规定标准对采购的建筑材料进行一般性鉴定、检查发生的费用应计入（　　）。

A. 材料费　　　　　B. 企业管理费　　　　C. 人工费　　　　　D. 措施项目费

④ 【多选】下列选项中，属于建设投资的是（　　）。

A. 建设期利息　　　　　　　　　　B. 建筑安装工程费

C. 流动资金　　　　　　　　　　　D. 价差预备费

E. 建设用地费

⑤ 【多选】下列选项中，属于规费的是（　　）。

A. 劳动保险费　　　　　　　　　　B. 养老保险费

C. 失业保险费　　　　　　　　　　D. 工伤保险费

E. 医疗保险费

二、答案与解析

① 【答案】B

【解析】计算式：3000+1200+500+100+150+120＝5070万元。

② 【答案】C

【解析】劳动保护费：是指企业按规定发放的劳动保护用品的支出。如工作服、手套、防暑降温饮料以及在有碍身体健康的环境中施工的保健费用等。

③ 【答案】B

【解析】检验试验费：是指施工企业按照有关标准规定，对建筑以及材料、构件和建筑安装物进行一般鉴定、检查所发生的费用。

④ 【答案】BDE

【解析】建设投资：工程费用、工程建设其他费、预备费。

选项A建设期利息和建设投资是并列的关系；

选项B建筑安装工程费属于工程费用；

选项C流动资金和建设投资不存在包含关系；

选项D价差预备费属于预备费；

选项E建设用地费属于工程建设其他费。

⑤ 【答案】BCDE

【解析】规费：1）社会保险费：①养老保险费、②失业保险费、③医疗保险费、④生育保险费、⑤工伤保险费；2）住房公积金。

3.3.2　按造价形成划分建筑安装工程费用项目组成

按造价形成划分的内容如图3-4所示。

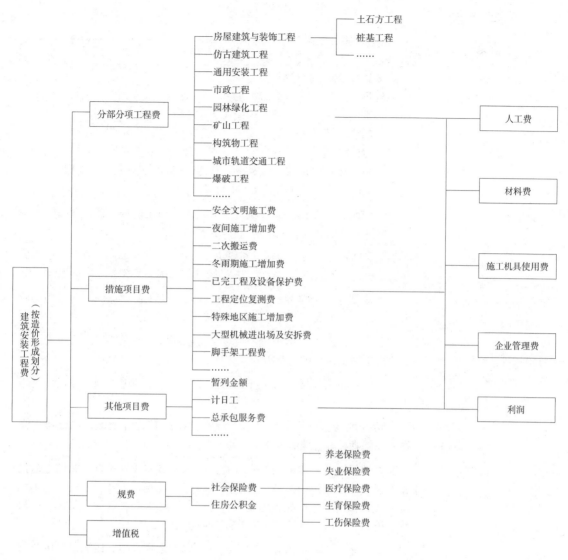

图3-4 按造价形成划分的建筑安装工程费用项目组成

1. 分部分项工程费

概念	包含内容
分部分项工程费是指各专业工程的分部分项工程应予列支的各项费用	专业工程：指按现行国家计量规范划分的房屋建筑与装饰工程、仿古建筑工程、通用安装工程、市政工程、园林绿化工程、矿山工程、构筑物工程、城市轨道交通工程、爆破工程等各类工程。
	分部分项工程：指按现行国家计量规范对各专业工程进行划分的项目。如对房屋建筑与装饰工程划分后的土石方工程、地基处理与桩基工程、砌筑工程、钢筋及钢筋混凝土工程等

2. 措施项目费

概念	包含内容
措施项目费是指为完成建设工程施工，发生于该工程施工前和施工过程中的技术、生活、安全、环境保护等方面的费用（记忆：安夜二冬已工特大脚）	①安全文明施工费包括： 1）环境保护费：是指施工现场为达到环保部门要求所需要的各项费用。 2）文明施工费：是指施工现场文明施工所需要的各项费用。 3）安全施工费：是指施工现场安全施工所需要的各项费用。 4）临时设施费：是指施工企业为进行建设工程施工所必须搭设的生活和生产用的临时建筑物、构筑物和其他临时设施费用。包括临时设施的搭设、维修、拆除、清理费或摊销费等
	②夜间施工增加费：指因夜间施工所发生的夜班补助费、夜间施工降效、夜间施工照明设备摊销及照明用电等费用
	③二次搬运费：是指因施工场地条件限制而发生的材料、构配件、半成品等一次运输不能到达堆放地点，必须进行二次或多次搬运所发生的费用
	④冬雨期施工增加费：是指在冬期或雨期施工需增加的临时设施、防滑、排除雨雪，人工及施工机械效率降低等费用
	⑤已完工程及设备保护费：指竣工验收前，对已完工程及设备采取的必要保护措施所发生的费用
	⑥工程定位复测费：指工程施工过程中进行全部施工测量放线和复测工作的费用
	⑦特殊地区施工增加费：指工程在沙漠或其边缘地区、高海拔、高寒、原始森林等特殊地区施工增加的费用
	⑧大型机械设备进出场及安拆费：指机械整体或分体自停放场地运至施工现场或由一个施工地点运至另一个施工地点，所发生的机械进出场运输及转移费用及机械在施工现场进行安装、拆卸所需的人工费、材料费、机械费、试运转费和安装所需的辅助设施的费用
	⑨脚手架工程费：指施工需要的各种脚手架搭、拆、运输费用以及脚手架购置费的摊销（或租赁）费用

3. 其他项目费

概念	包含内容
其他项目费包括暂列金额、计日工和总承包服务费（记忆：暂计总）	①暂列金额：指建设单位在工程量清单中暂定并包括在工程合同价款中的一笔款项。用于施工合同签订时尚未确定或者不可预见的所需材料、工程设备、服务的采购，施工中可能发生的工程变更、合同约定调整因素出现时的工程价款调整以及发生的索赔、现场签证确认等的费用
	②计日工：指在施工过程中，施工企业完成建设单位提出的施工图纸以外的零星项目或工作所需的费用
	③总承包服务费：指总承包人为配合、协调建设单位进行的专业工程发包，对建设单位自行采购的材料、工程设备等进行保管以及施工现场管理、竣工资料汇总整理等服务所需的费用

4. 规费和税金

规费与税金的构成与按费用构成要素划分的建筑安装工程费用项目组成部分是相同的。

☑ 习题及答案解析

一、习题

❶ 【单选】下列选项中，依据我国现行建筑安装工程费用项目组成的规定，关于措施项目费用的说法正确的是（ ）。

A. 安全文明施工费仅包括安全施工费和文明施工费两项内容

B. 冬雨期施工增加费是在冬期或雨期施工需增加的临时设施、防滑、排除雨雪等费用

C. 措施项目费由安全文明费和冬雨期施工增加费和脚手架工程费三项组成

D. 暂列金额也属于项目措施费的内容

❷ 【单选】在建筑安装工程费用中，脚手架搭、拆、运输费用应列入（ ）。

A. 直接工程费   B. 企业管理费

C. 规费   D. 措施项目费

❸ 【单选】根据我国现行建筑安装工程费用项目组成的规定，下列费用中应计入暂列金额的是（ ）。

A. 施工过程中可能发生的工程变更以及索赔、现场签证等费用

B. 应建设单位要求，完成建设项目之外的零星项目费用

C. 对建设单位自行采购的材料进行保管所发生的费用

D. 特殊地区施工增加费

❹ 【多选】下列费用中属于措施项目费的有（ ）。

A. 仪器仪表使用费   B. 二次搬运费

C. 冬雨期施工增加费   D. 临时设施费

E. 脚手架工程费

❺ 【多选】建筑安装工程费按照工程费用计价过程划分，下列（ ）属于其他项目费。

A. 安全文明施工费   B. 暂列金额

C. 暂估价   D. 计日工

E. 总承包服务费

二、答案与解析

❶ 【答案】B

【解析】冬雨期施工增加费指在冬期或雨期施工需增加的临时设施、防滑、排除雨雪、人工及施工机械效率降低等费用。

❷【答案】D

【解析】本题考查的是建筑安装工程费。建筑安装工程费中的措施项目费之———脚手架工程费是指施工需要的各种脚手架的搭、拆、运输费用以及脚手架购置费的摊销（或租赁）费用。

❸【答案】A

【解析】本题考查的是建筑安装工程费。暂列金额是指建设单位在工程量清单中暂定并包括在工程合同价款中的一笔款项。用于施工合同签订时尚未确定或者不可预见的所需材料、工程设备、服务的采购，施工中可能发生的工程变更、合同约定调整因素出现时的工程价款调整以及发生的索赔、现场签证确认等的费用。选项B属于计日工；选项C属于总承包服务费；选项D属于措施项目增加费。

❹【答案】BCDE

【解析】本题考查的是建筑安装工程费。措施项目费包括：安全文明施工费（非竞争性费用）；夜间施工增加费；二次搬运费；冬雨期施工增加费；已完工程及设备保护费；工程定位复测费；特殊地区施工增加费；脚手架工程费；大型机械设备进出场及安拆费。

❺【答案】BDE

【解析】本题考查的是建筑安装工程费。A属于措施项目费，B不包含清单中的划分。

第四节　设备及工器具购置费

3.4.1　设备购置费

设备购置费是指购置或自制的达到固定资产标准的设备所需的费用。由设备原价和设备运杂费构成。它是固定资产投资中的组成部分。在生产性工程建设中，设备及工器具费用占工程造价比重增大，意味着生产技术的进步和资本有机构成的提高。

$$设备购置费 = 设备原价 + 设备运杂费 \qquad （式3-1）$$

1. 国产设备原价的构成及计算

国产设备原价	国产标准设备原价	在计算时，一般采用带有备件的原价。 对于国产标准设备生产，批量生产，符合国家质量检测标准设备。在完善的设备交易市场，可通过查询相关交易市场价格或向设备生产厂家询价得到
	国产非标准设备原价	国产非标准设备是指国家尚无定型标准，不能批量生产，只能按订货要求并根据具体的设计图纸制造的设备。 对于国产非标准设备，常用的计价方法有成本计算估价法、系列设备插入估价法、分部组合估价法、定额估价法等（记忆：计、插、组、定）

按成本计算估价法，非标准设备的原价由以下各项组成：

非标原价构成	计算公式	备注
①材料费	材料净重×（1+加工损耗系数）×每吨材料综合价	—
②加工费	设备总重量（t）×设备每吨加工费	—
③辅助材料费	设备总重量（t）×辅助材料费指标	（简称辅材费）
④专用工具费	（材料费+加工费+辅助材料费）×专用工具费率	按①~③项之和乘以一定百分比计算
⑤废品损失费	（材料费+加工费+辅助材料费+专用工具费）×废品损失费率	按①~④项之和乘以一定百分比计算
⑥外购配套件费	购买价格+运杂费	（注意和①~⑤计算方式不同）
⑦包装费	（材料费+加工费+辅助材料费+专用工具费+废品损失费+外购配套件费）×包装费率	按以上①~⑥项之和乘以一定百分比计算（记忆：有⑥）
⑧利润	（材料费+加工费+辅助材料费+专用工具费+废品损失费+包装费）×利润率	可按①~⑤项加第⑦项之和乘以一定利润率计算（注意外购配套件费不包含在内）（记忆：没⑥）
⑨设计费	按国家规定的设计费收费标准计算	—
⑩增值税	增值税＝当期销项税额－进项税额 当期销项税额＝不含税销售额×适用增值税率	不含税销售额为①~⑨项之和

单台非标准设备原价＝{[（材料费+加工费+辅助材料费）×（1+专用工具费率）×（1+废品损失费率）+外购配套件费]×（1+包装费率）–外购配套件费}×（1+利润率）+外购配套件费+非标准设备设计费+增值税　（式3-2）

2. 进口设备原价的构成及计算

抵岸价 （原价）	到岸价（CIF）	运费在内价 （CFR）	离岸价（FOB）
			国际运费
		运输保险费	（FOB+国际运费）×保险费率/（1-保险费率）
	进口从属费 （记忆：两费四税，记计算基础）	银行服务费＝离岸价（FOB）×人民币外汇汇率×银行财务费率	
		外贸手续费＝到岸价（CIF）×人民币外汇汇率×外贸手续费率	
		关税＝到岸价（CIF）×人民币外汇汇率×进口关税税率	
		消费税＝$\dfrac{\text{到岸价格（CIF）×人民币外汇汇率+关税}}{1-\text{消费税税率}}$×消费税税率	
		进口环节增值税＝（关税完税价格+关税+消费税）×增值税税率	
		车辆购置税＝（关税完税价格+关税+消费税）×车辆购置税税率	

进口设备的到岸价，即抵达买方边境港口或边境车站的价格。

到岸价格作为关税的计征基数时，又称为关税完税价格。

（1）进口设备的常用国际贸易术语

离岸价 （FOB）	当货物在装运港被装上指定船只时，卖方即完成交货义务，风险转移。 费用与风险划分点一致
运费在内价 （CFR）	货物越过船舷，卖方完成交货，风险转移，但卖方需要支付海上运费。 费用与风险划分点不一致
到岸价 （CIF）	卖方除负有与CFR相同的义务外，还应办理货物在运输途中最低险别的海运保险，并应支付保险费。如买方需要更高的保险险别，则需要与卖方明确地达成协议，或者自行做出额外的保险安排。除保险这项义务之外，买方的义务也与CFR相同

（2）进口设备到岸价的构成及计算

1）到岸价

$$到岸价（CIF）=离岸价（FOB）+国际运费+运输保险费 \qquad （式3-3）$$

$$到岸价（CIF）=运费在内价（CFR）+运输保险费 \qquad （式3-4）$$

2）国际运费

$$国际运费=单位运价×运量，或原币货价（FOB）×运费率 \qquad （式3-5）$$

3）运输保险费

$$运输保险费=\frac{原币货价（FOB）+国际运费}{1-保险费率}×保险费率 \qquad （式3-6）$$

3. 设备运杂费的构成及计算

设备运杂费	构成	运费和装卸费	国产设备	国产设备为由设备制造厂交货地点起至工地仓库止所发生的运费和装卸费
			进口设备	进口设备为由我国到岸港口或边境车站起至工地仓库止所发生的运费和装卸费
		包装费		在设备原价中没有包含，为运输而进行的包装支出的各种费用
		设备供销部门手续费		按照有关部门规定的统一费率计算
		采购与仓库保管费		指采购、验收、保管和收发设备所发生的各种费用。包括：设备采购人员、保管人员和管理人员的工资、工资附加费、办公费、差旅交通费，设备供应部门办公和仓库所占固定资产使用费、工具用具使用费、劳动保护费、检验试验费等这些费用可按主管部门规定的采购与保管费费率计算
	计算	设备运杂费=设备原价×设备运杂费率 （设备运杂费率按各部门及省、市等的规定计取）		

3.4.2 工器具及生产家具购置费

工器具及生产家具购置费，是指新建或扩建项目初步设计规定的，保证初期正常生产必须购置的没有达到固定资产标准的设备、仪器、工卡模具、器具、生产家具和备品备件等的购置费用。

$$工器具及生产家具购置费＝设备购置费×定额费率 \qquad （式3-7）$$

☑ 习题及答案解析

一、习题

❶ 【单选】关于设备及工器具购置费用，下列说法中正确的是（ ）。

　A. 在工业建筑中，其占工程造价比重的增大意味着生产技术的进步

　B. 其是固定资产投资中的消极部分

　C. 其是由设备购置费和工具、器具及生活家具购置费组成

　D. 在民用建筑中，其占工程造价比重的增大意味着资本有机构成的提高

❷ 【单选】采用成本计算估价法计算非标准设备原价时，下列表述中正确的是（ ）。

　A. 专用工具费＝（材料费＋加工费）×专用工具费率

　B. 利润的计算基数中不应包含外购配套件费

　C. 包装费的计算基数中不应包含废品损失费

　D. 加工费＝设备总重量×（1+加工损耗系数）×设备每吨加工费

❸ 【单选】国际贸易中双方约定费用划分与风险转移均以货物在装运港被装上指定船只时为分界点，该交易价格被称为（ ）。

　A. 到岸价　　　　B. 抵岸价　　　　C. 离岸价　　　　D. 运费在内价

❹ 【单选】进口设备的原价是指进口设备的（ ）。

　A. 到岸价　　　　B. 离岸价　　　　C. 抵岸价　　　　D. 运费在内价

❺ 【多选】国际贸易中，CFR交货方式下买方的基本义务有（ ）。

　A. 办理进口清关手续

　B. 承担货物在装运港装上指定船只以后的一切风险

　C. 承担运输途中因遭遇风险引起的额外费用

　D. 在合同约定的装运港领受货物

　E. 负责租船、订舱

❻ 【单选】编制设计预算时，国产标准设备的原价一般选用（ ）。

　A. 不含设备的出厂价　　　　　　　B. 设备制造厂的成本价

　C. 带有备件的出厂价　　　　　　　D. 设备制造厂的出厂价加运杂费

⑦【单选】用成本计算估价法计算国产非标准设备原价时，需要考虑的费用项目是（　　）。

A. 特殊设备安全监督检查费　　　　B. 供销部门手续费

C. 外购配套件费　　　　　　　　　D. 成品损失费及运输包装费

⑧【单选】关于进口设备到岸价的构成及计算，下列公式中正确的是（　　）。

A. 到岸价＝运费在内价+运输保险费　　B. 到岸价＝离岸价+进口从属费

C. 到岸价＝离岸价+运输保险费　　　　D. 到岸价＝运费在内费+进口从属费

⑨【单选】国内生产某台非标准设备需材料费18万元，加工费2万元，专用工具费率5%，设备损失率10%，包装费0.4万元，利润率为10%，用成本计算估价法计得该设备的利润是（　　）万元。

A. 2.00　　　　　B. 2.35　　　　　C. 2.31　　　　　D. 2.10

二、答案与解析

❶【答案】A

【解析】本题考查的是设备及工器具购置费。设备及工器具购置费用是由设备购置费和工具、器具及生产家具购置费组成的，它是固定资产投资中的积极部分。在生产性工程建设中，设备及工器具购置费用占工程造价比重的增大，意味着生产技术的进步和资本有机构成的提高。

❷【答案】B

【解析】本题考查的是设备及工器具购置费。专用工具费＝（材料费+加工费+辅助材料费）×专用工具费率；加工费＝设备总重量（吨）×设备每吨加工费；包装费＝（材料费+加工费+辅助材料费+专用工具费+废品损失费+外购配套件费）×包装费率；利润＝（材料费+加工费+辅助材料费+专用工具费+废品损失费+包装费）×利润率。

❸【答案】C

【解析】本题考查的是设备及工器具购置费。FOB，船上交货，意为装运港船上交货，亦称为离岸价格。"船上交货"是指卖方以在指定装运港将货物装上买方指定的船舶或通过取得已交付至船上货物的方式交货；货物灭失或损坏的风险在货物交到船上时转移。

❹【答案】C

【解析】本题考查的是设备及工器具购置费。进口设备的原价是指进口设备的抵岸价。

❺【答案】ABC

【解析】本题考查的是设备及工器具购置费。卖方负责租船、订舱。买方应在合同约定的目的港领受货物。

❻【答案】C

【解析】本题考查的是设备及工器具购置费。国产标准设备一般按设备原价计算。在计算时，一般采用带有备件的原价。

❼【答案】C

【解析】本题考查的是设备及工器具购置费。非标准设备原价有多种不同的计算方法，按成本计算估价法计算时，包括材料费、加工费、辅助材料费、专用工具费、废品损失费、外购配套件费、包装费、利润、非标准设备设计费、增值税。

❽【答案】A

【解析】本题考查的是设备及工器具购置费。到岸价＝离岸价格+国际运费+运输保险费＝运费在内价+运输保险费。

❾【答案】B

【解析】本题考查的是设备及工器具购置费。专用工具费＝（18+2）×5%＝1（万元），废品损失费＝（18+2+1）×10%＝2.1（万元），该设备的利润＝（材料费+加工费+辅助材料费+专用工具费+废品损失费+包装费）×利润率＝（18+2+1+2.1+0.4）×10%＝2.35（万元）。

第五节　工程建设其他费用

工程建设其他费用	土地使用权购置或取得的费用
	与整个工程建设有关的各类其他费用
	与未来企业生产经营有关的其他费用

3.5.1　建设用地费

1. 建设用地取得的基本方式	（1）出让方式	1）土地使用权出让的最高年限	①居住用地70年
			②工业用地50年
			③教育、科技、文化、卫生、体育用地50年
			④商业、旅游、娱乐用地40年
			⑤综合或者其他用地50年
		2）土地使用权出让方式	①招标、拍卖、挂牌等竞争方式
			②协议出让方式
	（2）划拨方式	1）国家机关用地和军事用地 2）城市基础设施用地和公益事业用地 3）国家重点扶持的能源、交通、水利等基础设施用地 4）法律、行政法规规定的其他用地	
		年限：除另有规定外，没有使用期限的限制	

		1）土地补偿费	土地补偿费归农村集体经济组织所有
2.建设用地取得的费用	（1）征地补偿费	2）青苗和地上附着物补偿费	补偿标准由省、自治区、直辖市规定，给予所有者补偿
		3）安置补助费	安置补助费的标准为该耕地被征收前三年平均年产值的4~6倍
		4）新菜地开发建设基金	新菜地开发建设基金是指征用城市郊区商品菜地时支付的费用。菜地是指连续3年以上种菜或养鱼、虾等的商品菜地和精养鱼塘。该基金交给地方财政，用于开发建设新菜地。 有三种情况不能收取菜地开发基金： ①一年只种一茬或因调整茬口安排种植蔬菜的； ②征用尚未开发的规划菜地； ③在蔬菜产销放开后，能够满足供应，不再需要开发新菜地的城市
		5）耕地占用税	包括耕地，鱼塘原地等均按实际占用的面积和规定的税额一次性征收。耕地是指用于种植农作物的土地。占用前三年曾用于种植农作物的土地也视为耕地
		6）土地管理费	前四项之和的2%至4%。 征地包干的，前四项基础上加粮食价差、不可预见费等基础上2%至4%
	（2）拆迁补偿费	1）拆迁补偿	货币补偿：以房地产市场评估价格确定
			产权调换：补偿金额和所调换房屋的价格，结清产权调换的差价
		2）搬迁、安置补助费	提前搬家应有奖励费，过渡期应给予临时安置补助费，造成停产、停业损失的，给予一次性综合补助费
	（3）出让金、土地转让金	土地使用权出让金为用地单位向国家支付的土地所有权收益	
		在有偿出让和转让土地时，政府对地价不作统一规定，但应坚持以下原则： ①地价对目前的投资环境不产生大的影响； ②地价与当地社会经济承受能力相适应； ③地价要考虑已投入的土地开发费用，土地市场供求关系，土地用途所在区内容积率和使用年限等	

3.5.2 与项目建设有关的其他费用

1. 建设管理费	建设单位管理费	建设单位管理费＝工程费用×建设单位管理费费率 （记忆：计算基础为工程费）
	工程监理费	如建设单位采用工程总承包方式，其总包管理费由建设单位与总包单位根据总包工作范围在合同中商定，从建设管理费中支出。实行市场调节价
2. 可行性研究费		投资决策阶段，依据调研报告对有关建设方案、技术方案或生产经营方案进行技术经济论证、编制和评审可研报告所需的费用，此项费用实行市场调节价
3. 研究试验费		研究试验费是指为建设项目提供或验证设计数据、资料等进行必要的研究试验及按照相关规定在建设过程中必须进行试验、验证所需的费用。包括自行或委托其他部门研究试验所需人工费、材料费、试验设备及仪器使用费等。 这项费用按照设计单位根据本工程项目的需要提出的研究试验内容和要求计算。在计算时要注意，不应包括以下项目： ① 应由科技三项费用（即新产品试制费、中间试验费和重要科学研究补助费）开支的项目； ②应在建筑安装费用中列支的施工企业对建筑材料、构件和建筑物进行一般鉴定、检查所发生的费用及技术革新的研究试验费； ③应由勘察设计费或工程费用中开支的项目
4. 勘察费		实行市场调节价
5. 设计费		实行市场调节价
6. 专项评价费		专项评价费包括环境影响评价费、安全预评价费、职业病危害预评价费、地震安全性评价费、地质灾害危险性评价费、水土保持评价费、压覆矿产资源评价费、节能评估费、危险与可操作性分析及安全完整性评价费以及其他专项评价费。实行市场调节价
7. 场地准备及临时设施费	内容	①场地准备费是指为使工程项目的建设场地达到开工条件，由建设单位组织进行的场地平整等准备工作而发生的费用
		②临时设施费是指建设单位为满足施工建设需要而提供的未列入工程费用的临时水、电、路、信、气、热等工程和临时仓库等建（构）筑物的建设、维修、拆除、摊销费用或租赁费用，以及货场、码头租赁等费用
	计算	①应尽量与永久性工程统一考虑。建设场地的大型土石方工程应进入工程费用中的总图运输费用中
		②新建项目应根据实际工程量估算，或按工程费用的比例计算。改扩建项目一般只计拆除清理费。 场地准备和临时设施费＝工程费用×费率+拆除清理费
		③发生拆除清理费时可按新建同类工程造价或主材费、设备费的比例计算。凡可回收材料的拆除工程采用以料抵工方式冲抵拆除清理费
		④此项费用不包括已列入建筑安装工程费用中的施工单位临时设施费用

8. 工程保险费	工程保险费是指在建设期内对建筑工程安装工程和设备等进行投保而发生的费用。工程保险费包括建筑安装工程一切险，工程质量保险，进口设备财产保险和人身意外伤害险等
9. 特殊设备安全监督检验费	特殊设备包括锅炉及压力容器，消防设备，燃气设备，起重设备，电梯安全法等。 此项费用按照建设项目所在省、市、自治区安全监察部门的规定标准计算，无具体规定的在编制投资估算和概算时，可按受检设备现场安装费的比例估算
10. 市政公用设施费	市政公用设施建设配套费用，按工程所在地人民政府规定标准

3.5.3 与未来生产经营有关的其他费用

1. 联合试运转费		联合试运转费是指新建或新增加生产能力的工程项目，在交付生产前按照设计文件规定的工程质量标准和技术要求，对整个生产线或装置进行负荷联合试运转所发生的费用净支出（试运转支出大于收入的差额部分费用）。 ①试运转支出包括：试运转所需原材料、燃料及动力消耗、低值易耗品、其他物料消耗、工具用具使用费、机械使用费、保险金、施工单位参加试运转人员工资，以及专家指导费等； ②试运转收入包括：试运转期间的产品销售收入和其他收入。 ③试运转费不包括：应由设备安装工程费用开支的调试及试车费用，以及在试运转中暴露出来的因施工原因或设备缺陷等发生的处理费用
2. 专利及专有技术使用费	内容	①国外设计及技术资料费、引进有效专利、专有技术使用费和技术保密费； ②国内有效专利、专有技术使用费用； ③商标权、商誉和特许经营权费等
	计算	①按专利使用许可协议和专有技术使用合同的规定计列； ②专有技术的界定，应以省、部级鉴定的批准为依据； ③项目投资中只计需在建设期支付的专利及专有技术使用费；在生产期支付的使用费应在生产成本中核算； ④一次性支付的商标权、商誉及特许经营权费按协议或合同规定计列。协议或合同规定在生产期支付的商标权或特许经营权费，应在生产成本中核算； ⑤为项目配套的专用设施投资，包括专用铁路、公路、通信设施、送变电站、地下管道、专用码头等，如由项目建设单位投资但产权不归属本单位的应做无形资产处理
3. 生产准备费		①人员培训费及提前进厂费
		②为保证初期正常生产（或营业、使用）所必需的办公、生活家具用具购置费

☑ 习题及答案解析

一、习题

❶ 【单选】下列与建设用地有关的费用中，归农村集体经济组织所有的是（   ）。

    A. 拆迁补偿费　　　　　　　　　B. 青苗补偿费

    C. 土地补偿费　　　　　　　　　D. 新菜地开发建设基金

❷ 【多选】关于征地补偿费用，下列表述中不确的是（   ）。

    A. 土地补偿和安置补偿费的总和不得超过土地被征用前三年平均年产值的15倍

    B. 地上附着物补偿应根据协调征地方案前地上附着物的实际情况确定

    C. 征用未开发的规划菜地按一年只种一茬的标准缴纳新菜地开发建设基金

    D. 征收耕地占用税时，对于占用前三年曾用于种植农作物的土地不得视为耕地

❸ 【多选】下列与项目建设有关的其他费用中，属于建设管理费的有（   ）。

    A. 建设单位管理费　　　　　　　B. 工程总承包管理费

    C. 工程监理费　　　　　　　　　D. 场地准备费

    E. 引进技术和引进设备其他费

❹ 【单选】关于建设项目场地准备和建设单位临时设施费的计算，下列说法正确的是（   ）。

    A. 改扩建项目一般应计工程费用和拆除清理费

    B. 新建项目应按工程费用比例计算，不根据实际工程量计算

    C. 新建项目应根据实际工程量计算，不按工程费用的比例计算

    D. 凡可回收材料的拆除工程应采用以料抵工方式冲抵拆除清理费

❺ 【单选】下列费用中，不属于工程建设其他费用中工程保险费的是（   ）。

    A. 建筑安装工程一切险保费　　　B. 工伤保险费

    C. 引进设备财产保险保费　　　　D. 人身意外伤害险保费

❻ 【多选】下列费用中，属于"与项目建设有关的其他建设费用"的有（   ）。

    A. 建设单位管理费　　　　　　　B. 工程监理费

    C. 施工单位临时设施费　　　　　D. 建设单位临时设施费

    E. 市政公用设施费

❼ 【单选】在我国建设项目投资构成中，超规超限设备运输增加的费用属于（   ）。

    A. 基本预备费　　　　　　　　　B. 设备及工器具购置费

    C. 工程建设其他费　　　　　　　D. 建筑安装工程费

二、答案与解析

❶ 【答案】C

    【解析】本题考查的是工程建设其他费用。土地补偿费是对农村集体经济组织因土地被

征用而造成的经济损失的一种补偿。土地补偿费归农村集体经济组织所有。

❷ 【答案】ACD

【解析】本题考查的是工程建设其他费用。A选项，土地补偿费和安置补助费不能使安置的农民保持原有生活水平的，可增加安置补助费。但土地补偿费和安装补助费的总和不得超过土地被征收前三年平均年产值的30倍。C选项，一年只种一茬或因调整茬口安排种植蔬菜的不作为开发基金。D选项，占用前三年曾用于种植农作物的土地也视为耕地。

❸ 【答案】ABC

【解析】本题考查的是工程建设其他费用。建设管理费的内容包括：建设单位管理费；工程监理费；工程总承包管理费。

❹ 【答案】D

【解析】本题考查的是工程建设其他费用。选项A错误，改扩建项目一般只计拆除清理费。选项BC错误，新建项目的场地准备和临时设施费应根据实际工程量估算，或按工程费用的比例计算。

❺ 【答案】B

【解析】本题考查的是工程建设其他费用。工伤保险费属于规费。工程保险费包含建筑安装工程一切险、引进设备财产保险和人身意外伤害险等。

❻ 【答案】ABDE

【解析】本题考查的是工程建设其他费用。建设管理费是指建设单位为组织完成工程项目建设，在建设期内发生的各类管理性费用。此项费用不包括已列入建筑安装工程费用中的施工单位临时设施费用。

❼ 【答案】A

【解析】本题考查的是预备费和建设期利息。超规超限设备运输增加的费用属于基本预备费。

第六节　预备费和建设期利息

3.6.1　预备费

1. 基本预备费

概念：指投资估算或设计概算阶段预留的，由于工程实施中不可预见的工程变更及洽商、一般自然灾害处理、地下障碍物处理、超规超限设备运输等而可能增加的费用，亦可称为不可预见费。

基本预备费包括	①在批准的基础设计和概算范围内增加的设计变更、局部地基处理等费用。 ②一般自然灾害的损失及预防费用（实行保险的，可适当降低）。 ③竣工验收时为鉴定工程质量，对隐蔽工程进行必要的挖掘和修复的费用。 ④超规超限设备运输过程中可能增加的费用

计算：基本预备费＝（工程费用+工程建设其他费用）×费率

2. 价差预备费

价差预备费包括	人工、设备、材料、施工机械的价差费，建筑安装工程费及工程建设其他费用调整，利率、汇率调整等增加的费用

价差预备费的测算方法，一般根据国家规定的投资综合价格指数，按估算年份价格水平的投资额为基数，根据价格变动趋势，预测价值上涨率，采用复利方法计算。

3.6.2 建设期利息

①建设期利息主要是指在建设期内发生的，为工程项目筹措资金的融资费用及债务资金利息。建设期利息要计入固定资产。

②在国外贷款利息的计算中，年利率应综合考虑贷款协议中向贷款方加收的手续费、管理费、承诺费；以及国内代理机构向贷款方收取的转贷费、担保费、管理费等。

☑ 习题及答案解析

一、习题

❶ 【单选】预备费包括基本预备费和价差预备费，其中价差预备费的计算应是（　　）。

A. 以估算年份价格水平的投资额为基数，采用复利方法

B. 以编制年份的静态投资额为基数，采用单利方法

C. 以估算年份价格水平的投资额为基数，采用单利方法

D. 以编制年份的静态投资额为基数，采用复利方法

❷ 【单选】某建设项目建筑安装工程费为6000万元，设备购置费为1000万元，工程建设其他费用为2000万元，建设期利息为500万元。若基本预备费费率为5%，则该建设项目的基本预备费为（　　）万元。

A. 475　　　　　　B. 350　　　　　　C. 300　　　　　　D. 450

❸ 【单选】在我国建设项目投资构成中，超规超限设备运输增加的费用属于（　　）。

A. 基本预备费　　　　　　　　　　B. 建筑安装工程费

C. 工程建设其他费　　　　　　　　D. 设备及工器具购置费

❶【答案】C

【解析】本题考查的是预备费和建设期利息。价差预备费按估算年份价格水平的投资额为基数，采用复利方法计算。

❷【答案】D

【解析】本题考查的是预备费和建设期利息。基本预备费＝（工程费用＋工程建设其他费用）×基本预备费率＝（6000＋1000＋2000）×5%＝450万元。

❸【答案】A

【解析】本题考查的是预备费和建设期利息。超规超限设备运输增加的费用属于基本预备费。

第四章

工程计价方法及依据

第一节　工程计价方法

第二节　工程计价依据的分类

第三节　预算定额、概算定额、概算指标、投资估算
　　　　指标和造价指标

第四节　人工、材料、机具台班消耗量定额

第五节　人工、材料、机具台班单价及定额基价

第六节　建筑安装工程费用定额

第七节　工程造价信息及应用

第一节 工程计价方法

4.1.1 工程计价的基本方法

工程计价的基本顺序是：分部分项工程造价→单位工程造价→单项工程造价→建设项目总造价，影响工程造价的主要因素是两个，即单位价格和实物工程量，可用下列基本计算式表达：

$$工程造价 = \sum_{i=1}^{n}（工程量 \times 单位价格）\qquad （式4-1）$$

式中　i——第i个工程子项；

　　　n——工程结构分解得到的工程子项数。

可见工程子项单位价格越高，工程造价就越高，工程子项的实物工程量大，工程造价也就高，对工程子项单位价格分析，可以有两种形式，分别是工料单价法和综合单价法：

工料单价	如果工程项目单位价格仅仅考虑人工、材料、施工机具资源要素的消耗量和价格形成，则单位价格＝∑（工程子项的资源消耗量×资源要素的价格）。资源要素的价格是影响工程造价的关键因素。在市场经济体制下，工程计价时采用的资源要素的价格应该是市场价格（包含：人、材、机）
综合单价	①综合单价主要适用于工程量清单计价。（包含：人、材、机、管理费、利润、风险） ②我国现行的工程量清单计价的综合单价为非完全综合单价。 ③综合单价由完成工程量清单中一个规定计量单位项目所需的人工费、材料费、施工机具使用费、管理费和利润，以及一定范围的风险费用组成。 ④规费和税金，应在求出单位工程分部分项工程费、措施项目费和其他项目费后再统一记取，最后汇总得出单位工程造价

工程计价包括工程定额计价和工程量清单计价：

定额计价	①工程定额主要用于国有资金投资工程编制投资估算、设计概算、施工图预算和最高投标限价。 ②对于非国有资金投资工程，在项目建设前期和交易阶段，工程定额可以作为计价的辅助依据
工程量清单	工程量清单主要用于建设工程发承包及实施阶段，工程量清单计价用于合同价格形成以及后续的合同价款管理

4.1.2 工程定额计价

1. 工程定额的原理

工程定额是指在正常施工条件下完成规定计量单位的合格建筑安装工程所消耗的人工、材料、施工机械台班，工期天数及相关费率等的数量标准。

2. 工程定额的分类及作用

分类：

1）工程定额按照不同用途，可分为施工定额、预算定额、概算定额、概算指标和估算指标等。

2）按编制单位和执行范围的不同，可分为全国统一定额、行业定额、地区统一定额、企业定额、补充定额。

定额分类	定额作用
施工定额	①施工定额是完成一定计量的某一施工过程或基本工序所需消耗的人工、材料和施工机械台班的数量标准 ②施工定额是施工企业成本管理和工料计划的重要依据
预算定额	①预算定额是一种计价性定额，基本反映完成分项工程或结构构件的人、材、机消耗量及其相应费用，以施工定额为基础综合扩大编制而成。 ②预算定额主要用于施工图预算的编制，也可用于工程量清单计价和综合单价的计算
概算定额	概算定额是完成单位合格扩大分项工程，或扩大结构构件所需消耗的人工、材料、施工机具台班的数量及其费用标准。这是一种计价性定额，基本反映完成扩大分项工程的人、才、机消耗量及其相应费，一般以预算定额为基础综合扩大编制而成，主要用于设计概算的编制
概算指标	概算指标是以整个建筑物和构筑物为对象，反映完成规定计量单位的建筑安装工程资源消耗的经济指标。这是一种计价定额，主要用于编制初步设计概算，一般以建筑面积、体积或成套设备装置的台组等为计量单位，基本反映完成扩大分项工程的相应费用，也可以表现其人、材、机的消耗量
投资估算指标	投资估算指标是以建设项目、单项工程、单位工程为对象，反映其建设总投资及其各项费用构成的经济指标。投资估算指标也是一种计价定额，反映建设总投资及其各项费用构成的经济指标。包括建设项目综合估算指标，单项工程估算指标和单位工程估算指标

对比项目	施工定额	预算定额	概算定额	概算指标	投资估算指标
对象	施工过程或基本工序	分项工程或结构构件	扩大分项工程或扩大结构构件	建筑物或构筑物	建设项目、单项工程、单位工程
用途	编制施工预算	编制施工图预算	编制扩大初步设计概算	编制初步设计概算	编制投资估算
项目划分	最细	细	较粗	粗	很粗
定额水平	平均先进	平均	平均	平均	平均
定额性质	生产性定额	计价性定额			

3. 工程定额计价的程序（记顺序）

阶段	内容
第一阶段	收集资料
第二阶段	熟悉图纸和现场
第三阶段	计算工程量：①列项（分部分项）；②列式计算（依据计算顺序、规则）；③汇总
第四阶段	套定额单价：①分项工程名称、规格和计算单位必须与定额中所列内容完全一致；②定额换算；③补充定额编制
第五阶段	编制工料分析表
第六阶段	费用计算
第七阶段	复核
第八阶段	编制说明

4.1.3 工程量清单计价

1. 工程量清单计价的原理

工程量清单计价活动涵盖施工招标、合同管理以及竣工交付全过程，主要包括编制工程量清单、招标控制价、投标报价、确定合同价、工程计量与价款支付、合同价款调整、工程结算和工程计价。

2. 工程量清单计价的作用

①提供一个平等竞争的条件：相同的工程量，企业填价；
②满足市场经济条件下竞争的需要（管理竞争水平）；
③有利于工程款的拨付和工程造价的最终结算；
④有利于招标人对投资的控制。

3. 工程量清单计价的程序

工程量清单计价的程序与工程定额计价基本一致，只是第四到第六阶段有所不同，具体如下：

工程量清单项目组价，形成综合单价分析表。一个工程量清单项目由一个或多个定额子目组成，将各定额子目的综合单价汇总累加，再除以该清单项目的工程数量，即可得到该清单项目的综合单价分析表。

具体计算原则和方法如下：

费用项	计算方法
分部分项工程费	∑（分部分项工程量×分部分项工程项目综合单价）

费用项	计算方法
措施项目费	单价措施项目：按各专业工程工程量计算规范规定应予计量措施项目，如脚手架等。 单价措施项目费＝∑（措施项目工程量）×措施项目综合单价
	总价措施项目：不宜计量的措施项目，如二次搬运费等 总价措施项目费＝∑（措施项目计费基数×费率）

其中，单价措施项目综合单价的构成与分部分项工程项目综合单价的构成类似。

单位工程造价＝分部分项工程费+措施项目费+其他项目费+规费+增值税

☑ 习题及答案解析

一、习题

❶【单选】根据我国建设市场发展现状，工程量清单计价和计量规范主要适用于（　　）。

　A. 项目建设前期各阶段工程造价的估计

　B. 项目初步设计阶段概算的预测

　C. 项目合同价格的形成和后续合同价格的管理

　D. 项目施工图设计阶段预算的预测

❷【单选】下列定额中，项目划分最细的计价定额是（　　）。

　A. 材料消耗定额　　　　　　　　　　B. 劳动定额

　C. 概算定额　　　　　　　　　　　　D. 预算定额

❸【多选】按定额的编制程序和用途，建设工程定额可划分为（　　）。

　A. 施工定额　　　　　　　　　　　　B. 企业定额

　C. 预算定额　　　　　　　　　　　　D. 补充定额

　E. 投资估算指标

❹【单选】根据《建设工程工程量清单计价规范》GB 50500-2013，下列费用项目中需纳入分部分项工程项目综合单价的是（　　）。

　A. 专业工程暂估价　　　　　　　　　B. 暂列金额

　C. 工程设备估价　　　　　　　　　　D. 计日工费

❺【单选】关于工程量清单计价，下列计价公式中不正确的是（　　）。

　A. 分部分项工程费＝∑（分部分项工程量×分部分项工程综合单价）

　B. 单位工程直接费＝∑（假定建筑安装产品工程量×工料单价）

　C. 措施项目费＝∑按"项"计算的措施项目费+∑（措施项目工程量×措施项目综合单价）

　D. 单位工程报价＝分部分项工程费+措施项目费+其他项目费+规费+增值税

❶【答案】C

【解析】本题考查的是工程计价方法。工程量清单主要用于建设工程发承包及实施阶段，工程量清单计价用于合同价格形成以及后续的合同价款管理，A选项为可行性研究阶段，B选项为工程设计阶段，D选项为施工招投标阶段，以上均为工程建设前期阶段。

❷【答案】D

【解析】本题考查的是工程计价方法。项目划分最细的计价定额是预算定额，A、B选项均为施工定额，属于生产性定额，C、D均为计价性定额，D选项以分部分项工程为研究对象，C选项以扩大分项工程为研究对象，故选D。

❸【答案】ACE

【解析】本题考查的是工程计价方法。按定额的编制程序和用途分类，可以把工程定额分为施工定额、预算定额、概算定额、概算指标、投资估算指标五种，选项B、D是按主编单位和执行范围划分的。

❹【答案】C

【解析】本题考查的是工程计价方法。综合单价是指完成一个规定清单项目所需的人工费、材料和工程设备费、施工机具使用费和企业管理费、利润，以及一定范围内的风险费用，A、B、D选项为其他项目费。

❺【答案】B

【解析】本题考查的是工程计价方法。单位工程直接费属于定额计价的内容，不属于清单计价要计算的内容，A、C、D选项为工程量清单费用计算内容。

第二节 工程计价依据的分类

4.2.1 工程计价依据体系

工程计价依据体系包含法律法规、部门规章、国家标准、全国统一定额、协会标准。

4.2.2 工程计价依据的分类

按用途分	①规范工程计价的依据； ②计算设备数量和工程量的依据； ③计算分部分项工程人、材、机消耗量及费用的依据； ④计算建筑安装工程费用的依据； ⑤计算设备费的依据； ⑥计算工程建设其他费用的依据； ⑦相关的法规和政策

続表

按使用对象分	①规范建设单位计价行为的依据：可行性研究资料、用地指标、工程建设其他费用定额等。 ②规范建设单位和承包商双方计价行为的依据：包括国家标准《建设工程工程量清单计价规范》GB 50500–2013、"计量规范"和《建筑工程建筑面积计算规范》GB/T 50353–2013、行业标准和中国建设工程造价管理协会发布的建设项目投资估算、设计概算、工程结算、全过程造价咨询等规程

第三节　预算定额、概算定额、概算指标、投资估算指标和造价指标

4.3.1　预算定额

预算定额，是在正常的施工条件下，完成一定计量单位合格分项工程和结构构件所需消耗的人工、材料、施工机具台班数量及相应费用标准。

1. 预算定额的作用

预算定额作用	①编制施工图预算、确定建筑安装工程造价的基础
	②编制施工组织设计的依据
	③施工单位进行经济活动分析的依据
	④编制概算定额的基础
	⑤合理编制最高投标限价的基础

2. 预算定额的编制原则

①社会平均水平原则；
②简明适用的原则。

3. 预算定额的编制依据

预算定额编制依据	①现行施工定额
	②现行规范、标准、规程
	③典型的施工图及有关标准图
	④新技术、新结构、新材料和先进的施工方法
	⑤有关科学实验、技术测定和统计、经验资料
	⑥预算定额、材料单价及有关文件规定，也包括过去编制定额累积的基础资料

4. 预算定额的编制步骤

	编制步骤	
预算定额	①确定编制细则	
	②确定定额的项目的划分和工程量计算规则	
	③定额人工、材料、机具台班耗用量的计算、复核和测算	
	准备工作阶段	①确定编制机构和人员组成，进行调查研究
		②了解现行概算定额的执行情况和存在的问题，明确编制定额的项目
	编制初稿阶段	①收集和整理各种数据
		②对各种资料进行深入细致的测算和分析，确定各项目的消耗指标
		③最后编制出定额初稿
	审查定稿阶段	①确定编制细则
		②确定定额的项目的划分和工程量计算规则
		③定额人工、材料、机具台班耗用量的计算、复核和测算

5. 预算定额消耗量的确定

（1）预算定额单位的确定

预算定额单位确定	①首先应考虑该单位能否反映单位产品的工、料消耗量，保证预算定额的准确性
	②其次要有利于减少定额项目，保证定额的综合性
	③最后要有利于简化工程量计算和整个预算定额的编制工作，保证预算定额编制的准确性和及时性
	④在预算定额项目表中，常采用所取单位的10倍、100倍等倍数的计量单位来编制预算定额

（2）预算定额中人、材、机消耗量的确定

预算定额分类	消耗量内容	消耗量计算
人工消耗量	①基本用工	完成该分项工程的主要用工
	②材料超运距用工	预算定额中的材料、半成品的平均运距要比劳动定额的平均运距远，因此超过劳动定额运距的材料要计算超运距用工
	③辅助用工	指施工现场发生的加工材料等的用工。如筛砂子、淋石灰膏的用工
	④人工幅度差	劳动定额中没有包含的用工因素。例如各工种交叉作业配合工作的停歇时间，工程质量检查和工程隐蔽、验收等所占的时间
材料消耗量	①主要材料	直接构成工程实体的材料，如钢筋、水泥等
	②辅助材料	构成工程实体的除主要材料以外的其他材料，如垫木、钉子、铅丝等
	③周转性材料	脚手架、模板等多次周转使用但不构成工程实体的摊销性材料
	④其他材料	指用量较少，难以计量的零星用料。如棉纱、编号用的油漆等

预算定额分类	消耗量内容	消耗量计算
材料消耗量	⑤凡设计图纸标注尺寸及下料要求的	按设计图纸计算材料净用量，如混凝土、钢筋等材料
	⑥材料损耗量	在正常施工条件下，不可避免的材料损耗，如现场内材料运输损耗及施工操作过程中的损耗等。损耗量按有关规范或经验数据确定。
	⑦周转性材料	根据现场情况测定周转性材料使用量，再按材料使用次数及材料损耗率确定摊销
机具台班消耗量	①以机械为主	如机械挖土、空心板吊装等，要相应增加机械幅度差，预算定额机械耗用台班=施工定额机械耗用台班×（1+机械幅度差系数）
	②机械配合人工	如砌墙是按工人小组配置塔吊、卷扬机、砂浆搅拌机。不增加机械幅度差。 分项定额机械台班使用量= $\dfrac{\text{分项定额计量单位值}}{\text{小组总人数}\times\sum(\text{分项计算的取定比重}\times\text{劳动定额综合产量})}$
	预算定额的机具台班消耗量的计量单位是"台班"。按现行规定，每个工作台班按机械工作8h计算。	

6. 编制定额项目表

预算定额	①工程内容可以按编制时即包括的综合分项内容填写； ②人工消耗量指标可按工种分别填写工日数； ③材料消耗量指标应列出主要材料名称、单位和实物消耗量； ④施工机具使用量指标应列出主要施工机具的名称和台班数 （理解：工、料、机的消耗量和工、料、机单价的结合过程）

7. 预算定额的编排

定额基价	计算方法
人工费	$\sum$（现行预算定额中各种人工工日用量×人工日工资单价）
材料费	$\sum$（现行预算定额中各种材料耗用量×相应材料单价）
机具使用费	$\sum$（现行预算定额中机械台班用量×机械台班单价）+$\sum$（仪器仪表台班用量×仪器仪表台班单价）
定额基价=人工费+材料费+机具使用费	

4.3.2 概算定额

概算定额即在预算定额基础上，确定完成合格的单位扩大分项工程或单位扩大结构构件所需消耗的人工、材料和施工机具台班的数量标准及其费用标准。概算定额又称扩大结构定额。

1. 概算定额与预算定额的区别

定额类别	含义
预算定额	预算定额用于施工图预算的编制
概算定额	概算定额用于设计概算的编制
相近点	表达的主要内容、表达的主要方式及基本使用方法
区别	①项目划分和综合扩大程度不同
	②概算定额水平与预算定额水平之间的幅度差一般在5%以内

2. 概算定额的主要作用

概算定额主要作用	①扩大初步设计阶段编制设计概算和技术设计阶段编制修正概算的依据
	②对设计项目进行技术经济分析和比较的基础资料之一
	③编制建设项目主要材料计划的参考依据
	④编制概算指标的依据
	⑤编制最高投标限价的依据

3. 概算定额的编制依据

概算定额编制依据	①现行的预算定额
	②设计及施工技术规范
	③选择的典型施工图和其他有关资料
	④人工工资标准、材料预算价格和机具台班预算价格

4. 概算定额的编制步骤

概算定额编制步骤	①准备工作阶段
	②编制初稿阶段
	③审查定稿阶段

5. 概算定额的费用

概算定额费用	费用计算原理
人工费	现行概算定额中人工工日消耗量×人工单价
材料费	∑（现行概算定额中材料消耗量×相应材料单价）
机具费	∑（现行概算定额中机械台班消耗量×相应机械台班单价）+∑（仪器仪表台班用量×仪器仪表台班单价）
概算定额基价	人工费+材料费+机具费

4.3.3 概算指标

概算指标是以整个建筑物或构筑物为对象，以"m²""m³"或"座"等为计量单位，规定了人工、材料、机具台班的消耗指标的一种标准。

1. 概算指标的主要作用

概算指标主要作用	①是基本建设管理部门编制投资估算和编制基本建设计划，估算主要材料用量计划的依据
	②是设计单位编制初步设计概算、选择设计方案的依据
	③是考核基本建设投资效果的依据

2. 概算指标的主要内容和形式

概算指标主要内容和形式	①工程概况，包括建筑面积，建筑层数，建筑地点、时间，工程各部位的结构及做法等
	②工程造价及费用组成
	③每平方米建筑面积的工程量指标
	④每平方米建筑面积的工料消耗指标

3. 概算指标的编制依据

概算指标编制依据	①标准设计图纸和各类工程典型设计
	②国家颁发的建筑标准、设计规范、施工规范等
	③各类工程造价资料
	④现行的概算定额和预算定额及补充定额
	⑤人工工资标准、材料预算价格、机具台班预算价格及其他价格资料

4. 概算指标的编制步骤

概算指标编制步骤	①首先成立编制小组，拟定工作方案，明确编制原则和方法，确定指标的内容及表现形式，确定基价所依据的人工工资单价、材料单价、机具台班单价
	②收集整理编制指标所必需的标准设计、典型设计以及有代表性的工程设计图纸，设计预算等资料，充分利用有使用价值的已经积累的工程造价资料
	③正式编制阶段主要是选定图纸，并根据图纸资料计算工程量和编制单位工程预算书，以及按编制方案确定的指标项目对人工及主要材料消耗指标，填写概算指标的表格
	④最后经过核对审核、平衡分析、水平测算、审查定稿

4.3.4 投资估算指标

工程建设投资估算指标是编制项目建议书、可行性研究报告等前期工作阶段投资估算的依据，也可以作为编制固定资产长远规划投资额的参考。

1. 投资估算指标的作用

投资估算指标主要作用	①是编制项目建议书、可行性研究报告等前期工作阶段投资估算的依据
	②完成项目建设的投资估算提供依据和手段
	③作为计算建设项目主要材料消耗量的基础
	④是合理确定项目投资的基础

2. 投资估算指标的内容

投资估算指标以建设项目、单项工程或单位工程为对象，反映其建设总投资及各项费用构成的经济指标。

（记忆：下表内容和计价单位）

分类	内容	表现形式
建设项目综合指标	从立项筹建开始至竣工验收交付的全部投资额。全部投资额＝单项工程投资+工程建设其他费+预备费	以项目的综合生产能力单位投资表示；或以使用功能表示。如"元/t""元/kW"；或以使用功能表示，如医院床位："元/床"
单项工程指标	能独立发挥生产能力或使用效益的单项工程内的全部投资额。工程费用＝建筑工程费+安装工程费+设备及工器具购置费（可能包含的其他费用）	以单项工程生产能力单位投资表示；"元/t""元/（kV·A）""元/蒸汽吨""元/m³""元/m²"
单位工程指标	能独立设计、施工的工程项目的费用，即建筑安装工程费	房屋区别不同结构，以"元/m²"表示；另外还有以每"m²""m""座"等单位投资表示

3. 投资估算的编制步骤

投资估算指标编制步骤	①收集整理资料阶段
	②平衡调整阶段
	③测算审查阶段

4.3.5 工程造价指标

工程造价指标是指建设工程整体或局部在某一时间、地域一定计量单位的造价水平或工料机消耗量的数值。

1. 工程造价指标及其分类

按构成分	①建设投资指标和单项、单位工程造价指标
按用途分	②工程经济指标、工程量指标、工料价格指标及消耗量指标

2. 工程造价指标的测算

（1）工程造价指标测算时应注意的问题

工程造价指标测算时应注意的问题	①数据的真实性。应采集实际的工程数据
	②符合时间要求： A. 投资估算、设计概算、招标控制价应采用成果文件编制完成日期 B. 合同价应采用工程开工日期 C. 结算价应采用工程竣工日期
	③根据工程特征进行测算。建设工程造价指标应区分地区、工程类型、造价类型、时间进行测算

（2）工程造价指标的测算方法

数据统计法	①当建设工程造价数据的样本数量达到数据采集最少样本数量时使用
典型工程法	②建设工程造价数据样本数量达不到最少样本数量要求时使用
汇总计算法	③当需要采用下一层级造价指标汇总计算上一层级造价指标时。应采用加权平均计算法，权重为指标对应的总建设规模

（3）工程造价指标的使用

工程造价指标使用场景	①作为对已完或在建工程进行造价分析的依据
	②作为拟建类似项目工程计价的重要依据
	③作为反映同类工程造价变化规律的基础资料

☑ 习题及答案解析

一、习题

❶【单选】在计算预算定额人工工日消耗量时，包含在人工幅度差内的用工是（ ）。

    A. 超运距用工   B. 材料加工用工

    C. 工种交叉作业相互影响的停歇用工   D. 机械土方工程的配合用工

❷【单选】下列用时中，同时包含在劳动定额和预算定额人工消耗量中的是（ ）。

    A. 加工材料所需的时间   B. 不可避免的中断时间

    C. 工序搭接发生的停歇时间   D. 隐蔽工程验收的影响时间

❸【单选】下列材料损耗，应计入预算定额材料损耗量的是（ ）。

    A. 场外运输损耗   B. 施工加工损耗

    C. 工地仓储损耗   D. 一般性检验鉴定损耗

❹【单选】概算定额与预算定额的差异主要表现在（ ）的不同。

    A. 项目划分   B. 基本使用方法

C. 主要表达方式 D. 主要工程内容

⑤ 【单选】下列工程中，属于概算指标编制对象的是（　　）。

A. 整个建筑物 B. 分项工程

C. 分部工程 D. 单项工程

⑥ 【多选】关于投资估算指标反映的费用内容和计价单位，下列说法中正确的（　　）。

A. 单位工程指标反映建筑安装工程费，以每m^2、m^3、m、座等单位投资表示

B. 单项工程指标反映工程费用，以每m^2、m^3、m、座等单位投资表示

C. 单项工程指标反映建筑安装工程费，以单项工程生产能力单位投资表示工程费用

D. 建设项目综合指标反映项目固定资产投资，以项目综合生产能力单位投资表示

E. 建设项目综合指标反映项目总投资，以项目综合生产能力单位投资表示

二、答案与解析

① 【答案】C

【解析】人工幅度差主要指正常施工条件下，劳动定额中没有包含的用工因素。例如各工种交叉作业配合工作的停歇时间，工程质量检查和工程隐蔽、验收等所占的时间。

② 【答案】B

【解析】运用排险法，辅助用工指施工现场发生的加工材料等的用工，如筛砂子、淋石灰膏的用工。人工幅度差主要指正常施工条件下，劳动定额中没有包含的用工因素，例如各工种交叉作业配合工作的停歇时间，工程质量检查和工程隐蔽、验收等所占的时间。

③ 【答案】B

【解析】预算定额，材料损耗量，指在正常条件下不可避免的材料损耗，如现场内材料运输及施工操作过程中的损耗等。

④ 【答案】A

【解析】预算定额是指在正常的施工条件下，完成一定计量单位合格分项工程和结构构件所需消耗的人工、材料、施工机具台班数量及其费用标准。概算定额是指完成单位合格扩大分项工程，或扩大结构构件所需消耗的人工、材料、施工机具台班的数量及其费用标准。综上，概算定额与预算定额的差异主要表现在项目划分的不同。

⑤ 【答案】A

【解析】概算指标是以整个建筑物或构筑物为对象。

⑥ 【答案】AE

【解析】选项B错误，单位工程指标一般以m^2、m、座等单位投资表示；选项C错误，单项工程指标包括建筑工程费，安装工程费，设备、工器具及生产家具购置费和可能包含的其他费用；选项D错误，建设项目综合指标反映项目总投资，一般以项目的综合生产能力单位投资表示。

4.4.1 劳动定额

1. 劳动定额的分类及其关系

时间定额	完成单位合格产品所必须消耗的工作时间
产量定额	在单位时间内完成合格产品的数量
互为倒数	$时间定额 = \dfrac{1}{产量定额}$

2. 工作时间（记忆：包含关系）

工人工作时间	必须消耗的时间（定额时间）	有效工作时间	①准备与结束时间 ②基本工作时间 ③辅助工作时间
		休息时间	—
		不可避免中断时间	—
	损失时间（非定额时间）	多余和偶然工作时间	—
		停工时间	①施工本身造成的 ②非施工本身造成的
		违背劳动纪律损失时间	—
机械工作时间	必须消耗的时间	有效工作时间	①正常负荷下的工作时间 ②有根据地降低负荷下的工作时间
		不可避免的无负荷工作时间	—
		不可避免中断时间	①与工艺过程的特点有关 ②与机器保养有关 ③工人休息时间
	损失时间	多余工作时间	—
		停工时间	①施工本身造成的停工时间 ②非施工本身造成的停工时间
		违背劳动纪律时间	—
		低负荷下工作时间	—

3. 劳动定额的编制方法

经验估计法	①优点：方法简单，工作量小，便于及时制定和修订定额； ②缺点：制定的定额准确性较差，难以保证质量； ③适用：多品种生产或单件、小批量生产的企业，以及新产品试制和临时性生产
统计分析法	①根据过去生产同类型产品、零件的实作工时或统计资料； ②分类：简单平均法和加权平均法等多种； ③优点：方法简便易行，工作量也比较小，由于有一定的资料做依据，制定定额的质量比经验估计法要准确些； ④适用：大量生产或成批生产的企业
技术测定法	①是一种较为先进和科学的方法； ②优点：重视现场调查研究和技术分析，有一定的科学技术依据，制定定额的准确性较高，定额水平易达到平衡，可发现和揭露生产中的实际问题； ③缺点：费时费力，工作量较大，没有一定的文化和专业技术水平难以胜任此项工作
比较类推法	①也叫典型定额法； ②比较类推法应具备的条件是：结构上的相似性、工艺上的同类性、条件上的可比性、变化上的规律性； ③优点比较类推法有一定的依据和标准，其准确性和平衡性较好； ④缺点：制定典型零件或典型工序的定额标准时，工作量较大。同时，如果典型代表件选择不准，就会影响工时定额的可靠性

4.4.2 材料消耗定额

1. 材料消耗定额的概念

材料消耗定额是指正常的施工条件和合理使用材料的情况下，生成质量合格的单位所必须消耗的建筑安装材料的数量标准。

2. 材料消耗量定额的计算

净用量	直接用于建筑安装工程上的材料
损耗量	①不可避免产生的施工废料 ②施工操作损耗
两者关系	损耗率$=\dfrac{损耗量}{净用量}\times100\%$
总消耗量	净用量+损耗量＝净用量×（1+损耗率）

3. 编制材料消耗定额的基本方法

现场技术测定法	适用于确定材料损耗量，还可以区别可以避免的损耗与难以避免的损耗
试验法	在实验室内采用专用的仪器设备，通过试验的方法来确定材料消耗定额，用这种方法提供的数据虽然精确度高，但容易脱离现场实际情况。主要用于编制材料净用量定额

统计法	通过对现场用料的大量统计资料进行分析计算的一种方法。可获得材料消耗的各项数据，用以编制材料消耗定额
理论计算法	运用一定的计算公式计算材料消耗量，确定消耗定额的一种方法。这种方法较适合计算块状、板状、卷状等材料的消耗量

4. 材料用量计算方法

材料用量分类	计算方法及公式
砖砌体材料用量计算	$A=\dfrac{1}{墙厚×（砖长+灰缝）×（砖厚+灰缝）}×k$ 砂浆用量：$B=1-$砖数×砖块体积（砖的净体积）
各种块料面层的材料用量计算	100m^2块料净用量$=\dfrac{100}{（块料长+灰缝宽）×（块料宽+灰缝宽）}$ 10m^2灰缝砂浆净用量$=\left[100-（块料长×块料宽×100\text{m}^2块料用量）\right]×$灰缝深（块料厚） 结合层材料用量$=10\text{m}^2×$结合层厚度
周转性材料消耗量计算	考虑模板周转使用补充和回收的计算：摊销量$=$周转使用量$-$回收量 周转使用量$=\dfrac{一次使用量+一次使用量×（周转次数-1）×损耗率}{周转次数}$ 不考虑周转使用补充和回收量的计算公式： 摊销量$=\dfrac{一次使用量}{周转次数}$

4.4.3 施工机具台班定额

1. 确定施工机具纯工作1h的正常生产率

确定机械纯工作1h正常劳动生产率可以分为三步进行。

第一步	计算施工机具一次循环的正常延续时间
第二步	计算施工机具纯工作1h的循环次数
第三步	求施工机具纯工作1h的正常生产率

2. 确定施工机具的正常利用系数

确定机械正常利用系数：首先要计算工作班在正常状况下，准备与结束工作、机械开动、机械维护等工作所必需消耗的时间，以及机械有效工作的开始与结束时间；然后计算机械工作班的纯工作时间；最后确定机械正常利用系数。

$$机械正常利用系数=\frac{工作班内机械纯工作时间}{机械工作班延续时间} \tag{式4-2}$$

3. 计算机具台班定额

计算机具台班定额是编制机具台班定额的最后一步。在确定了机械工作正常条件、机械1h纯工作时间正常生产率和机械利用系数后，就可以确定机具台班的定额指标了。

$$施工机具台班产量定额＝机械纯工作1h正常生产率×$$

$$工作班延续时间×机械正常利用系数 \qquad （式4-3）$$

机械台班计算例子

题目	某工程现场采用出料容量500L的混凝土搅拌机，每一次循环中，装料、搅拌、卸料、中断需要的时间分别为1min、3min、1min、1min，机械正常利用系数为0.9，求该机械的台班产量定额
解析	①该搅拌机一次循环的正常延续时间＝1+3+1+1=6min=0.1h； ②该搅拌机纯工作1h循环次数＝10（次）； ③该搅拌机纯工作1h正常生产率＝10×500=5000L=5（m^3）； ④该搅拌机台班产量定额＝5×8×0.9=36（m^3/台班）

☑ 习题及答案解析

一、习题

❶ 【多选】下列工人工作时间中，属于有效工作时间的有（　　）。

    A. 不可避免中断时间　　　　　　　B. 基本工作时间

    C. 辅助工作时间　　　　　　　　　D. 偶然工作时间

    E. 准备与结束工作时间

❷ 【单选】下列工人工作时间消耗中，属于有效工作时间的是（　　）。

    A. 因混凝土养护引起的停工时间　　B. 准备施工工具花费的时间

    C. 产品质量不合格返工的工作时间　D. 偶然停工（停水、停电）增加的时间

❸ 【单选】下列施工机械消耗时间中，属于机械必须消耗时间的是（　　）。

    A. 装料不足时的机械运转时间　　　B. 由于气候条件引起的机械停工时间

    C. 因机械保养而中断使用的时间　　D. 未及时供料引起的机械停工时间

❹ 【单选】（　　），重视现场调查研究和技术分析，有一定的科学技术依据，制定定额的准确性较好。

    A. 比较类推法　　B. 统计分析法　　C. 经验估计法　　　D. 技术测定法

❺ 【单选】已知砌筑1m^3砖墙中砖净量和损耗分别为529块、6块，百块砖体积按0.146m^3计算，砂浆损耗率为10%。则砌筑1m^3砖墙的砂浆用量为（　　）m^3。

    A. 0.241　　　　　　B. 0.243　　　　　　C. 0.250　　　　　　D. 0.253

❻ 【多选】下列定额测定方法中，主要用于测定材料消耗量定额的基本方法有（　　）。

A. 现场技术测定法　　　　　　B. 实验室试验法

C. 统计法　　　　　　　　　　D. 理论计算法

E. 比较类推法

❼【单选】确定施工机械台班定额消耗量前需计算机械时间利用系数，其计算公式正确的是（　　）。

A. 机械时间利用系数＝机械纯工作1h正常生产率×工作班纯工作时间

B. 机械时间利用系数＝1/机械台班产量定额

C. 机械时间利用系数＝一个工作班延续时间（8h）/机械在一个工作班内纯工作时间

D. 机械时间利用系数＝机械在一个工作班内纯工作时间/一个工作班延续时间（8h）

二、答案与解析

❶【答案】BCE

【解析】本题考查的是劳动定额。有效工作时间包括：基本工作时间、辅助工作时间、准备与结束工作时间。

❷【答案】B

【解析】本题考查的是劳动定额。有效工作时间包括：基本工作时间、辅助工作时间、准备与结束工作时间。

❸【答案】C

【解析】本题考查的是劳动定额。D属于不可避免的中断时间：工艺过程的特点、机器的使用和保养、工人休息的中断时间。

❹【答案】D

【解析】本题考查的是劳动定额。技术测定法重视现场调查研究和技术分析，有一定的科学技术依据，制定定额的准确性较好，定额水平易达到平衡，可发现和揭露生产中的实际问题。

❺【答案】C

【解析】本题考查的是材料消耗定额。砂浆净用量＝1-529×0.146÷100＝0.228m³；砂浆消耗量＝0.228×（1+10%）＝0.250m³。

❻【答案】ABCD

【解析】本题考查的是材料消耗定额。主要用于测定材料消耗量定额的基本方法有：现场技术测定法、实验法、统计法、理论计算法。

❼【答案】D

【解析】本题考查的是施工机具台班定额。机械时间利用系数＝机械在一个工作班内纯工作时间/一个工作班延续时间（8h）。

第五节　人工、材料、机具台班单价及定额基价

4.5.1　人工单价

1. 人工单价的组成

人工单价组成	①计时工资或计件工资； ②奖金：超额劳动； ③津贴：高空作业，高空津贴； ④特殊情况下支付的工资：工伤、产假

2. 人工日工资单价确定方法

人工单价确定方法	年平均每月法定工作日： $$年平均每月法定工作日 = \frac{全年日历日 - 法定假日}{12}$$
	日工资单价的确定： $$日工资单价 = \frac{生产工人平均月工资（计时、计价）+ 平均月（奖金 + 津贴补贴 + 特殊情况下支付的工资）}{年平均每月法定工作日}$$
	日工资单价的管理： 最低工资单价不得低于工程所在地所发布的最低工资标准的：普工1.3倍、一般技工2倍、高级技工3倍

4.5.2　材料单价

材料单价是指建筑材料从其来源地运到施工工地仓库，直至出库形成的综合单价。

1. 材料单价中各项费用的确定

材料费用	计算方法
材料原价	材料原价是指材料、工程设备的出厂价格或商家供应价格： 加权平均原价 = ∑（量×原价）/总量
材料运杂费	运杂费是指材料、工程设备自来源地运至工地仓库或指定堆放地点所发生的全部费用： 加权平均运杂费 = ∑（量×运费）/总量
运输损耗	运输损耗费 =（材料原价+运杂费）×运输损耗率
采购及保管费	采购费、仓储费、工地保管费和仓储损耗， 采购及保管费 = 材料运到工地仓库价格×采购及保管费率 =（材料原价+运杂费+运输损耗费）×采购及保管费率

材料费用	计算方法
材料单价	材料单价＝（材料原价+运杂费）×（1+运输损耗率）×（1+采购及保管费率）

2. 材料单价计算举例

某建设项目水泥（适用13%增值税率）从两个地方采购，其采购量及有关费用如下表所示，求该工地水泥的单价（表中原价、运杂费均为含税价格，且材料采用"两票制"支付方式）。

采购处	采购量（t）	原价（元/t）	运杂费（元/t）	运输损耗率（%）	采购及保管费费率（%）
来源一	300	240	20	0.5	3.5
来源二	200	250	15	0.4	

解：应将含税的原价和运杂费调整为不含税价格，具体过程如下表所示

采购处	采购量（t）	原价（元/t）	原价（不含税）（元/t）	运杂费（元/t）	运杂费（不含税）（元/t）	运输损耗率（%）	采购及保管费费率（%）
来源一	300	240	240/1.13＝212.39	20	20/1.09＝18.35	0.5	3.5
来源二	200	250	250/1.13＝221.24	15	15/1.09＝13.76	0.4	

加权平均原价 $= \dfrac{300 \times 212.39 + 200 \times 221.24}{300 + 200} = 215.93$（元/t）；

加权平均运杂费 $= \dfrac{300 \times 18.35 + 200 \times 13.76}{300 + 200} = 16.51$（元/t）；

来源一的运输损耗费＝（212.39+18.35）×0.5%＝1.15（元/t）；

来源一的运输损耗费＝（221.24+13.76）×0.4%＝0.94（元/t）；

加权平均运输损耗费 $= \dfrac{300 \times 1.15 + 200 \times 0.94}{300 + 200} = 1.07$（元/t）；

材料单价＝（215.93+16.51+1.07）×（1+3.5%）＝241.68（元/t）。

4.5.3 施工机具台班

1. 施工机具台班的组成

组成	计算方法
折旧费	台班折旧费$=\dfrac{机械预算价格 \times （1-残值率）}{耐用总台班}$

组成	计算方法
检修费	$台班检修费 = \dfrac{一次检修费 \times 检修次数}{耐用总台班} \times 除税系数$
维护费	$台班维护费 = \dfrac{\sum（各级维护一次费用 \times 除税系数 \times 各级维护次数）+临时故障排除费}{耐用总台班}$ 台班维护费 = 台班检修费 × K（维护费系数）
安拆费及场外运费	①计入台班单价： 安拆简单、移动需要起重及运输机械的**轻型**施工机械。 $台班安拆费及场外运费 = \dfrac{一次安拆费及场外运输费 \times 年平均安拆次数}{年工作台班}$ ②单独计算： a. 安拆复杂、移动需要起重及运输机械的**重型**施工机械，其安拆费及场外运费单独计算； b. 利用**辅助**设施移动的施工机械，其辅助设施（包括轨道和枕木）等的折旧、搭设和拆除等费用可单独计算 ③不计算： a. 不需安拆的施工机械，不计算一次安拆费； b. 不需相关机械辅助运输的自行移动机械，不计算场外运费； c. 固定在车间的施工机械，不计算安拆费及场外运费； d. 自升式塔式起重机、施工电梯安拆费的超高起点及其增加费，各地区、部门可根据具体情况确定
人工费的组成及确定	$台班人工费 = 人工消耗量 \times \left(1 + \dfrac{年制度工作日 - 年工作台班}{年工作台班}\right) \times 人工单价$ 例子：某载重汽车配司机1人，当年制度工作日为250d，年工作台班为230台班，人工日工资单价为50元。求该载重汽车的台班人工费为多少？ 解：$台班人工费 = 1 \times \left(1 + \dfrac{250-230}{230}\right) \times 50 = 54.35（元/台班）$
燃料动力费	燃料动力费是指施工机械在运转作业中所耗用的燃料及水、电等费用。计算公式如下： 台班燃料动力费 = ∑（燃料动力消耗量 × 燃料动力单价）
其他费用	其他费用是指施工机械按照国家规定应缴纳的车船税、保险费及检测费等

2. 施工仪器仪表**台班单价**

费用组成	计算方法
折旧**费**	$台班折旧费 = \dfrac{施工仪器仪表原值 \times（1-残值率）}{耐用总台班}$

费用组成	计算方法
维护费	台班维护费 = $\dfrac{年维护费}{年工作台班}$
校验费	台班校验费 = $\dfrac{年校验费}{年工作台班}$
动力费	台班动力费 = 台班耗电量×电价

4.5.4　定额基价

1. 基价的构成

构成	计算方法
人工费	定额项目工日数 × 人工单价
材料费	∑（定额项目材料用量 × 材料单价）
施工机具费	∑（定额项目台班量 × 台班单价）
定额项目基价	＝ 人工费+材料费+施工机具费

2. 定额基价的套用

当施工图的设计要求与预算定额的项目内容一致时，可直接套用预算定额。

需要注意
①根据施工图纸、设计说明和做法说明选择定额项目
②要从工程内容、技术特征和施工方法上仔细核对，才能准确地确定相对应的定额项目
③分项工程项目名称和计量单位要与预算定额相一致

3. 定额的换算

换算的类型	换算的基本思路	适应范围
①当设计要求与定额项目配合比、材料不同时的换算 ②乘以系数的换算。按定额说明规定对定额中的人工费、材料费、机械费乘以各种系数的换算 ③其他换算	换算后的定额基价＝原定额基价+换入的费用–换出的费用	适用于砂浆强度等级、混凝土强度等级、抹灰砂浆及其他配合比材料与定额不同时的换算

一、习题

❶ 【多选】下列费用项目中，应计入人工日工资单价的有（　　）。

A. 计件工资 　　　　　　　　　B. 劳动保护费

C. 劳动竞赛奖金 　　　　　　　D. 职工福利费

E. 流动施工津贴

❷ 【单选】根据国家相关法律、法规和政策规定，因停工学习、执行国家或社会义务等原因，按计时工资标准支付的工资属于人工日工资单价中的（　　）。

A. 基本工资 　　　　　　　　　B. 特殊情况下支付的工资

C. 奖金 　　　　　　　　　　　D. 津贴补贴

❸ 【单选】关于材料单价的计算，下列计算公式中正确的是（　　）。

A. （供应价格+运杂费）×（1+运输损耗率）×（1+采购及保管费率）

B. $\dfrac{供应价格+运杂费}{（1-运输损耗率）×（1+采购及保管费率）}$

C. $\dfrac{（供应价格+运杂费）×（1+采购及保管费率）}{1-采购及保管费率}$

D. $\dfrac{（供应价格+运杂费）×（1+运输损耗率）}{1-采购及保管费率}$

❹ 【单选】从甲、乙两地采购某工程材料，采购量及有关费用如下表所示。该工程材料的材料单价为（　　）元/t。

（表中原价、运杂费均为不含税价格）

来源	采购量（t）	原价+运杂费（元/t）	运输损耗费（%）	采购及保管费率（%）
甲	600	260	1	3

A. 262.08 　　　B. 262.16 　　　C. 262.42 　　　D. 262.50

❺ 【多选】关于材料单价的构成和计算，下列说法中正确的有（　　）。

A. 采购及保管费包括组织材料采购、供应过程中发生的费用

B. 运输损耗指材料在场外运输装卸及施工现场搬运发生的不可避免损耗

C. 材料单价中包括材料仓储费和工地保管费

D. 材料单价指材料由其来源地运达工地仓库的入库价

E. 当采用一般计税方法时，材料单价中的材料原价、运杂费等均应扣除增值税进项税额

⑥ 【多选】下列材料单价的构成费用，包含在采购及保管费中进行计算的有（　　）。

A. 仓储费　　　　　B. 运杂费　　　　　C. 工地保管费　　　　　D. 仓储损耗

E. 运输损耗

⑦ 【单选】某大型施工机械预算价格为5万元，机械耐用总台班为1250台班，检修周期数为4，一次检修费为2000元，维护费系数为60%，机上人工费和燃料动力费为60元/台班。不考虑残值和其他有关费用，则该机械台班单价为（　　）元/台班。

A. 52.80　　　　　B. 107.68　　　　　C. 110.24　　　　　D. 112.80

⑧ 【单选】关于施工机械安拆费和场外运费的说法，正确的是（　　）。

A. 安拆费指安拆一次所需的人工、材料和机械使用费之和

B. 能自行开动机械的安拆费不予计算

C. 安拆费中包括机械辅助设施的折旧费

D. 塔式起重机安拆费的超高增加费应计入机械台班单价

⑨ 【多选】施工仪器仪表台班单价的组成包括（　　）。

A. 折旧费　　　　　B. 维护费　　　　　C. 检修费　　　　　D. 校验费

E. 安拆费及场外运费

二、答案与解析

❶ 【答案】ACE

【解析】本题考查的是人工单价。劳动保护费、职工福利费属于企业管理费。

❷ 【答案】B

【解析】本题考查的是人工单价。特殊情况下支付的工资：工伤、产假、婚丧假、生育假、事假、停工学习、执行国家或社会义务等。

❸ 【答案】A

【解析】本题考查的是材料单价。材料单价＝（材料原价+运杂费）×（1+运输损耗率）×（1+采购及保管费率）。

❹ 【答案】B

【解析】本题考查的是材料单价。材料单价＝［（供应价格+运杂费）×（1+运输损耗率（%））］×［1+采购及保管费率（%）］，该工程材料的材料费单价＝（600×260+400×240）×（1+1%）×（1+3%）/（600+400）＝262.16元/t。

❺ 【答案】ACE

【解析】本题考查的是材料单价。材料单价是指建筑材料从其来源地运到施工工地仓库，直至出库形成的综合单价。

❻ 【答案】ACD

【解析】本题考查的是材料单价。采购及保管费包括：采购费、仓储费、工地保管费、仓储损耗。

❼【答案】B

【解析】本题考查的是施工机具台班单价。台班折旧费＝机械预算价格/耐用总台班＝50000/1250＝40（元/台班）。

检修费＝2000×（4−1）/1250＝4.8（元/台班）。

维护费＝4.8×60%＝2.88（元/台班）。

则机械台班单价＝40+4.8+2.88+60＝107.68（元/台班）。

❽【答案】C

【解析】本题考查的是施工机具台班单价。安拆费指施工机械（大型机械除外）在现场进行安装与拆卸所需的人工、材料、机械和试运转费用以及机械辅助设施的折旧、搭设、拆除等费用。所以A错误。不需安装又能自行开动的不计算，所以B错误。

❾【答案】ABD

【解析】本题考查的是施工机具台班单价。施工仪器仪表台班单价包括折旧费、维护费、校验费、动力费。

第六节　建筑安装工程费用定额

4.6.1　建筑安装工程费用定额的编制原则

建筑安装工程费用编制原则	①合理确定定额水平的原则
	②简明、适用性原则
	③定性与定量分析相结合的原则

4.6.2　企业管理费与规费费率的确定（以企业管理费为例讲解）

费率的确定
1）以直接类为计算基础： $$企业管理费费率（\%）=\frac{生产工人年平均管理费}{年有效施工天数×人工单价}×人工费占直接费的比例×100\%$$
2）以人工费和施工机具使用费合计为计算基础： $$企业管理费费率（\%）=\frac{生产工人年平均管理费}{年有效施工天数×（人工单价＋每一台班施工机具使用费）}×100\%$$
3）以人工费为计算基础： $$企业管理费费率（\%）=\frac{生产工人年平均管理费}{年有效施工天数×人工单价}×100\%$$

4.6.3 利润

利润计算	利润计算基数（以下3选1）
利润＝取费基数×相应利润率	①人工费
	②直接费
	③直接费+间接费

4.6.4 增值税

应计入建筑安装工程造价内的增值税销项税额，按税前造价乘以增值税税率确定。

分类	计税方法	计算原理及适用范围	
一般计税法	增值税＝税前造价×9%	税前造价为人工费、材料费、施工机具使用费、企业管理费、利润和规费之和，各项费用不包含增值税可抵扣进项税额的价格计算	
简易计税法	增值税＝税前造价×3%	各项费用不包含增值税可抵扣进项税额的价格计算	①小规模纳税人发生应税行为适用简易计税方法计税
			②一般纳税人以清包工方式提供的建筑服务
			③一般纳税人为甲供工程提供的建筑服务
			④一般纳税人为建筑工程老项目提供的建筑服务

☑ 习题及答案解析

一、习题

❶【单选】关于利润的取费基数，下列说法中不正确的是（ ）。

A．可以是人工费为基数　　　　　　B．可以是直接费为基数

C．可以是人、材、机为基数　　　　D．可以是直接费+间接费为基数

❷【单选】关于建筑安装工程费用中建筑业增值税的计算，下列说法中正确的是（ ）。

A．当事人可以自主选择一般计税法或简易计税法计税

B．采用一般计税法时，税前造价不包含增值税的进项税额

C．采用简易计税法时，税前造价不包含增值税的进项税额

D．一般计税法、简易计税法中的建筑业增值税税率均为11%

二、答案与解析

❶【答案】C

【解析】本题考查的是建筑安装工程费用定额。利润计算的公式如下：利润＝取费基数×

相应利润率。取费基数可以是人工费，也可以是直接费或者是直接费+间接费。

②【答案】B

【解析】本题考查的是建筑安装工程费用定额。采用一般计税法时，税前造价不包含增值税的进项税额。

第七节　工程造价信息及应用

4.7.1　工程造价信息及其主要内容

1. 工程造价信息的概念和特点

工程造价信息是一切有关工程造价的**特征**、**状态**及其**变动**的消息的组合。

特点	含义
区域性	建筑材料重量大、体积大、产地远离消费地点，运输量大费用高。建筑材料客观上尽可能就近使用，其信息的交换和流通往往限制在一定地域内
多样性	建设工程的多样性特点使信息资料需满足不同项目的需求，导致了信息内容和形式的多样性
专业性	建设工程的专业化使所需信息具有专业特殊性，如水利、公路工程
系统性	信息源发出的信息不是孤立、紊乱的，而是大量的、系统的
动态性	信息不断更新，真实反映工程造价的动态变化
季节性	施工内容安排考虑季节因素影响，造价信息也应考虑

2. 工程计价信息包括的主要内容

最能体现信息动态性变化特征，并且在工程价格市场机制中起着重要作用的工程计价信息主要包括：**价格信息、工程造价指数**和**已完工程信息**三类。

价格信息	①人工价格信息：包括建筑工程实物工程量人工价格信息和建筑工种人工成本信息
	②材料价格信息：应披露材料类别、规格、单价、供货地区和单位、发布日期
	③机具价格信息：包括设备市场价格信息和设备租赁市场价格信息两部分，后者更重要。其应包括机械种类、规格型号、供货商名称、租赁单价、发布日期等内容
已完工程信息	根据已完或在建工程的各种造价信息，经过统一格式及标准化处理后的造价数值，可用于对已完或者在建工程的造价分析以及拟建工程的计价依据
工程造价指数	反映一定时期内价格变化对工程造价影响程度的指数，包括各种单项价格指数、设备工器具指数、建安工程造价指数、建设项目或单项价格指数

4.7.2 工程造价指数

1. 工程造价指数的概念及分类

工程造价指数是一定时期的建设工程造价相对于某一固定时期工程造价的比值。用来反映一定时期内价格变化对工程造价的影响程度，它是调整工程造价价差的依据，工程造价指数反映了报告期与基期相比的价格变动趋势。

现象范围	个体指数	反映个别现象变动情况的指数
	总指数	反映不能同度量的现象动态变化的指数
现象的性质	数量指标指数	反映总的规模和水平变动情况的指数。如销售量指数、职工人数指数
	质量指标指数	综合反映现象相对水平或平均水平变动情况的指数。如成本指数、价格指数、平均工资水平指数
采用的基期	定基指数	指各个时期指数都是采用同一固定时期为基期计算的，表明社会经济现象对某一固定基期的综合变动程度的指数
	环比指数	以前一时期为基期计算的指数，表明社会经济现象对上一期或前一期的综合变动的指数
编制的方法	综合指数	综合指数是总指数的基本形式。编制综合指数的目的综合测定由不同度量单位的许多商品或产品所组成的复杂现象总体数量方面的总动态，先相加再相除
	平均数指数	平均数指数是综合指数的变形。所谓平均数指数，是以个体指数为基础，通过对个体指数计算加权平均数编制的总指数

2. 工程造价指数的内容及特征

工程造价指数	①各种单项价格指数（个体指数）
	②设备、工器具价格指数（总指数、综合指数）
	③建筑安装工程价格指数（总指数、平均数指数）
	④建设项目或单项工程造价指数（总指数，平均数指数）

4.7.3 工程计价信息的动态管理

工程计价信息管理的基本原则

标准化	分类统一、流程规范、做到格式化和标准化
有效性	针对不同管理者的要求进行适当加工，针对不同管理层提供不同要求和浓缩程度的信息。保证信息产品对决策支持的有效性
定量化	信息应该经过信息处理人员的比较与分析，采用定量工具对数据进行分析和比较
时效性	保证信息产品能够及时服务于决策
高效处理	采用高性能的信息处理工具（工程造价信息管理系统），缩短信息在处理过程中的延迟

4.7.4　信息技术在工程造价计价与计量中的应用

国内的计价软件都同时具有清单计价模式和定额计价模式，支持招标形式和投标形式。

自动计算工程量软件按照支持的图形维数的不同分为两类：二维算量软件和三维算量软件。

4.7.5　BIM技术与工程造价

1. BIM技术的特点	可视化	不仅可以用来生成效果图的展示及报表，更重要的是，项目设计、建造、运营过程中的沟通、讨论、决策都在可视化的状态下进行
	协调性	BIM建筑信息模型可在建筑物建造前期对各专业的碰撞问题进行协调，生成协调数据，并在模型中生成解决方案
	模拟性	模拟性并不是只能模拟设计出建筑物模型，还可以模拟不能够在真实世界中进行操作的事物，4D模拟、5D模拟
	互用性	所有数据只需要一次性采集或输入，就可以在整个建筑物的全生命周期中实现信息的共享、交换与流动
	优化性	在BIM的基础上可以做更好的优化，包括项目方案优化、特殊项目的设计优化等

2. BIM技术对工程造价管理的价值	①提高了工程量计算的准确性和效率
	②提高了设计效率和质量
	③提高工程造价分析能力
	④BIM技术真正实现了造价全过程管理

3. BIM技术在工程造价管理各阶段的应用	决策	带来项目投资分析效率的极大提升，BIM技术在投资造价估算和投资方案选择方面大有作为
	设计	对设计方案优选或限额设计，设计模型的多专业一致性检查、设计概算、施工图预算的编制管理和审核环节的应用，实现对造价的有效控制
	招投标	工程量自动计算，形成准确的工程量清单。有利于招标方控制造价和投标方报价的编制，提高工作的效率和准确性，并为后续的工程造价管理和控制提高基础数据
	施工过程	在施工之前就可以通过建筑信息模型确定不同时间节点的施工进度与施工成本，可以直观地按月、按周、按日观看到项目的具体实施情况并得到该时间节点的造价数据，方便项目的实时修改调整，实现限额领料施工；最大程度地体现造价控制的效果
	竣工结算	有助于提高结算效率，同时可以随时查看变更前后的模型进行对比分析，避免结算时描述不清，从而加快结算和审核速度

✓ 习题及答案解析

一、习题

❶ 【单选】某类建筑材料本身的价值不高，但所需的运输费用却很高，该类建筑材料的价格信息一般具有较明显的（　　）。

A. 动态性　　　　B. 区域性　　　　C. 季节性　　　　D. 专业性

❷ 【单选】最能体现信息动态性变化特征，并且在工程价格的市场机制中起重要作用的工程造价信息主要包括（　　）。

A. 工程造价指数、在建工程信息和已完工程信息

B. 价格信息、工程造价指数及刚开工的工程信息

C. 人工价格信息、材料价格信息、机械价格信息及在建工程信息

D. 价格信息、工程造价指数和已完工程信息

❸ 【多选】下列工程造价指数中，用平均指数形式编制的总指数有（　　）。

A. 工程建设其他费的费率指数　　　　B. 设备、工器具价格指数

C. 建筑安装工程价格指数　　　　　　D. 单项工程造价指数

E. 建设项目造价指数

❹ 【单选】"工程造价信息应针对不同层次管理者的要求进行适当加工，针对不同管理层提供不同要求和浓缩程度的信息。"这体现了工程造价信息管理应遵循的（　　）原则。

A. 有效性　　　　B. 标准化　　　　C. 定量化　　　　D. 高效处理

❺ 【单选】BIM技术在施工过程中的应用包括（　　）。

A. 通过BIM技术对设计方案优选或限额设计

B. 高效准确地估算出规划项目的总投资额

C. 通过建筑信息模型确定不同时间节点的施工进度与施工成本

D. 进行工程量自动计算、统计分析，形成准确的工程量清单

❻ 【多选】BIM技术的特点有（　　）。

A. 可视化　　　　B. 全面性　　　　C. 优化型　　　　D. 模拟性

E. 协调性

二、答案与解析

❶ 【答案】B

【解析】本题考查的是工程造价信息及应用。区域性：建筑材料重量大、体积大、产地远离消费地点，运输量大、费用高。建筑材料客观上应尽可能就近使用，其信息的交换和流通往往限制在一定地域内。

❷ 【答案】D

【解析】本题考查的是工程造价信息及应用最能体现信息动态性变化特征，并且在工程价格市场机制中起着重要作用的工程造价信息：价格信息、工程造价指数和已完工程信息三类。

③【答案】CDE

【解析】本题考查的是工程造价指数。选项A属于个体指数。选项B属于综合指数。

④【答案】A

【解析】本题考查的是工程计价信息的动态管理。有效性原则：工程造价信息应针对不同层次管理者的要求进行适当加工，针对不同管理层提供不同要求和浓缩程度的信息。这一原则是为了保证信息产品对于决策支持的有效性。

⑤【答案】C

【解析】本题考查的是BIM技术与工程造价。在施工之前就可以通过建筑信息模型确定不同时间节点的施工进度与施工成本，可以直观地按月、按周、按日观看到项目的具体实施情况并得到该时间节点的造价数据，方便项目的实时修改调整，实现限额领料施工；最大限度地体现造价控制的效果。

⑥【答案】ACDE

【解析】本题考查的是BIM技术与工程造价。BIM技术的特点：可视化、协调性、模拟性、互用性和优化性。

第五章

工程决策和设计阶段造价管理

第一节 概述

第二节 投资估算的编制

第三节 设计概算的编制

第四节 施工图预算的编制

5.1.1　工程决策和设计阶段造价管理的工作内容

阶段划分	项目管理工作程序	工程造价管理工作内容	造价偏差控制
决策阶段	①投资机会研究	投资估算	±30%左右
	②项目建议书		±30%以内
	③初步可行性研究		±20%以内
	④详细可行性研究		±10%以内
设计阶段	①方案设计		±10%以内
	②初步设计	设计概算	±5%以内
	③技术设计	修正概算	±5%以内
	④施工图设计	施工图概算	±3%以内

5.1.2　工程决策和设计阶段造价管理的意义

决策与设计阶段是整个工程造价确定与控制的龙头与关键。

①提高资金利用效率和投资控制效率；

②使工程造价管理工作更主动；

③促进技术与经济相结合；

④在工程决策和设计阶段控制造价效果更显著。

5.1.3　工程决策阶段影响造价的主要因素

1. 工程决策阶段影响造价的主要因素

项目建设规模	①市场要素	a. 市场要素是项目规模确定中需考虑的首要因素； b. 市场需求状况是确定项目生产规模的前提； c. 原材料市场、资金市场、劳动力市场等对项目规模的选择起着不同程度的制约作用
	②技术要素	a. 技术是项目规模效益赖以存在的基础； b. 管理技术水平是实现规模效益的保证
	③环境要素	a. 政策要素：产业政策、投资政策、技术经济政策、国家和地区及行业经济发展规划等； b. 主要环境因素：燃料动力供应、协作及土地条件、运输及通信条件
	④建设规模方案	确定相应的产品方案、产品组合方案和项目建设规模

建设地区及地点	①建设地区：区域范围的选择 ②建设地点：具体坐落位置的选择
技术方案	生产技术方案指产品生产所采用的工艺流程和生产方法。 技术方案不仅影响项目的建设成本，也影响项目建成后的运营成本
设备方案	在生产工艺流程和生产技术确定后，就要根据产品生产规模和工艺过程的要求，选择设备的型号和数量。设备的选择与技术密切相关，二者必须匹配。没有先进的技术，再好的设备也无法发挥作用，没有先进的设备，技术的先进性则无法体现
工程方案	工程方案构成项目的实体。工程方案选择是在已选定项目建设规模、技术方案和设备方案的基础上，研究论证主要建筑物、构筑物的建造方案，包括对于建造标准的确定
环境保护措施	在确定建设地址和技术方案时，要调查研究环境条件，识别和分析拟建项目影响环境的因素，研究提出治理和保护环境的措施，比选和优化环境保护方案

2. 工程设计阶段影响造价的主要因素

工业项目	①总平面设计	总平面设计中影响工程造价的因素有占地面积、功能分区和运输方式的选择
	②工艺设计	工艺设计是工程设计的核心，是根据工业产品生产的特点、生产性质和功能来确定的。工艺设计一般包括生产设备的选择、工艺流程设计、工艺作业规范、定额标准的制定和生产方法的确定。在工艺设计过程中影响工程造价的因素主要包括生产方法、工艺流程和设备选型
	③建筑设计	平面形状：即单位建筑面积所占外墙的长度，该值越小，设计越经济，平面形状越简单，单位面积造价就越低。 层高：在建筑面积不变的情况下，建筑层高增加会引起各项费用的增加。 层数：因建筑类型、形式和结构不同而不同，影响不一定。 柱网布置：该项为工业项目特有，单跨厂房，当柱间距不变时，跨度越大单位面积造价越低；多跨厂房，当跨度不变时，中跨数目越多越经济，因为柱子和基础分摊在单位面积上的造价减少；中跨柱梁刚度要求低，所以配筋率低于边跨，中柱配筋率低于边柱、角柱。 建筑材料和建筑结构选择是否合理，不仅直接影响到工程质量、使用寿命、耐火和抗震性能，而且对施工费用有很大的影响
民用项目	①居住小区规划	即小区占地面积、建筑群体的布置形式。集中公共设施，提高公共建筑的层数，合理布置道路，充分利用边角用地，有利于提高建筑密度，降低小区的总造价
	②住宅建筑设计	建筑物平面形状和周长系数：矩形住宅建筑中，长宽比2：1为佳；一般住宅单元3~4个，房屋长度60~80m较为经济。 住宅的层高和净高：住宅层高每降低10cm，可降低造价1.2%~1.5%。层高降低，可提高住宅区的建筑密度；并不是层数越高，造价越高；7层及7层以上住宅或住户入口层楼面距室外设计地面的高度超过16m时必须设置电梯。 住宅单元组成、户型设计：指标-结构面积系数；越小越经济；由房屋结构、外形及长度和宽度、房间平均面积大小、户型组成； 住宅建筑结构的选择：因地制宜、就地取材、采用适合本地区经济合理的结构形式

5.1.4　建设项目可行性研究及其对工程造价的影响

可行性研究的概念	①对社会、经济、技术等方面进行调查研究； ②对各拟建方案进行技术经济分析、比较和论证； ③对建成后效益进行预测和评价； ④研究项目的可能性与可行性； ⑤作出是否投资与如何投资的意见	
可行性研究报告的作用	①作为投资主体投资决策的依据； ②作为向当地政府或城市规划部门申请建设执照的依据； ③对建成后效益进行预测和评价； ④作为编制设计任务书的依据； ⑤作为安排项目计划和实施方案的依据； ⑥作为筹集资金和向银行申请贷款的依据； ⑦作为编制科研实验计划和新技术、新设备需用计划及大型专用设备生产预安排的依据； ⑧作为从国外引进技术、设备以及与国外厂商谈判签约的依据； ⑨作为与项目协作单位签订经济合同的依据； ⑩作为项目后评价的依据	
可行性研究报告的内容（了解）	①项目兴建理由与目标； ②市场分析与预测； ③资源条件评价； ④建设规模与产品方案； ⑤场（厂）址选择； ⑥技术方案、设备方案和工程方案； ⑦材料、燃料供应，包括主要原材料供应方案，燃料供应方案； ⑧总图运输与公用辅助工程； ⑨环境影响评价； ⑩劳动安全卫生与消防； ⑪组织机构与人力资源配置； ⑫项目实施进度； ⑬投资估算； ⑭融资方案； ⑮建设项目经济评价； ⑯社会评价； ⑰风险评价； ⑱研究结论与建议； ⑲附件	

建设项目经济评价	项目	财务评价	经济效果评价
	评价角度	项目角度	合理配置资源前提下，国家经济整体角度
	评价内容	只计算项目的财务效益和费用，分析项目的盈利能力和清偿能力，评价项目在财务上的可行性	分析项目的经济效益、效果和对社会的影响，评价项目在宏观经济上的合理性

可行性研究对工程造价的影响	①项目可行性研究结论的正确性是工程造价合理性的前提； ②项目可行性研究的内容是决定工程造价的基础； ③工程造价高低、投资多少也影响可行性研究结论； ④可行性研究的深度影响投资估算的精确度，也影响工程造价的控制效果； ⑤作为是否投资与如何投资的意见

5.1.5 设计方案的评价、比选及其对工程造价的影响

1. 设计方案的评价、比选原则

①要协调好技术先进性和经济合理性的关系。即在满足设计功能和采用合理先进技术的条件下，尽可能降低投入。

②比选除考虑一次性建设投资外，还应考虑项目运营过程中的运维费用。即需评价、比选项目全寿命周期的总费用。

③要兼顾近期与远期的要求。即建设项目的功能和规模应根据国家和地区远景发展规划，适当留有发展余地。

2. 设计方案的评价、比选的内容

建设项目设计方案比选的内容在宏观方面有建设规模、建设场址、产品方案等。对于建设项目本身有厂区（或居民区）总平面布置、主题工艺流程选择、主要设备选型等。在具体项目的微观方面有工程设计标准、工业与民用建筑的结构形式、建筑安装材料的选择等。一般在具体的单项、单位工程项目设计方案评价、比选时，应以单位或分部分项工程为对象，通过主要技术经济指标的对比，确定合理的设计方案。

3. 设计方案的评价、比选的方法

比选内容	比选方法
多方案整体宏观方面比选	用投资回收期法、计算费用法、净现值法、净年值法、内部收益率法
具体的单项、单位工程项目的多方案比选	价值工程原理或多指标综合评分法
建设项目设计阶段，属于局部方案的比选	可以采用造价额度、运行费用、净现值、净年值

4. 设计方案的评价、比选应注意的问题

比选内容	比选方法
工期	应考虑施工的季节性。由于工期缩短而工程提前竣工交付使用所带来的经济效益，应纳入分析评价范围
采用新技术的分析	应预测其预期的经济效果，不能仅由于当前的经济效益指标较差而限制新技术的采用和发展

比选内容	比选方法
对产品功能的分析评价	当参与对比的设计方案功能项目和水平不同时，应对其进行可比性处理，使之满足以下几方面的可比条件：①需要可比；②费用消耗可比；③价格可比；④时间可比

5. 设计方案对工程造价的影响

影响	不同的设计方案工程造价各不相同，必须对多个不同设计方案进行全面的技术经济评价分析，为建设项目投资决策提供方案比选意见； 已经确定的设计方案，也可依据有关技术经济资料对设计方案进行评价，提出优化设计的建议与意见，通过深化、优化设计使技术方案更加经济合理

☑ 习题及答案解析

一、习题

❶【多选】确定项目建设规模需要考虑的政策因素有（　　）。

A. 国家经济发展规划　　　　　B. 生产协作条件

C. 产业政策　　　　　　　　　D. 地区经济发展规划

E. 技术经济政策

❷【单选】对于建筑设计因素对工业项目工程造价的影响，下列说法中正确的是（　　）。

A. 建筑周长系数越高，建筑工程造价越低

B. 在建筑面积不变的情况下，建筑层高增加会引起各项费用的降低

C. 建筑物层数越多，单位建筑面积的造价会降低

D. 多跨厂房跨度不变，中跨数目越多越经济

❸【单选】关于住宅建筑设计中的结构面积系数，下列说法中正确的是（　　）。

A. 结构面积系数与房间户型组成有关，与房屋长度、宽度无关

B. 结构面积系数与房屋结构有关，与房屋外形无关

C. 房间平均面积越大，结构面积系数越小

D. 结构面积系数越大，设计方案越经济

❹【多选】关于工程设计对造价的影响，下列说法中正确的有（　　）。

A. 房屋长度越长，则单位造价越低

B. 层数越多，则单位造价越低

C. 流通空间的减少，可相应地降低造价

D. 周长与建筑面积比越大，单位造价越高

E. 结构面积系数越小，设计方案越经济

二、答案与解析

❶ 【答案】ACDE

【解析】本题考查的是工程决策和设计阶段造价管理概述。政策因素包括产业政策、投资政策、技术经济政策，以及国家、地区及行业经济发展规划等。

❷ 【答案】D

【解析】本题考查的是工程决策和设计阶段造价管理概述。多跨厂房，当跨度不变时，中跨数目越多越经济，因为柱子和基础分摊在单位面积上的造价减少。

❸ 【答案】C

【解析】本题考查的是工程决策和设计阶段造价管理概述。结构面积系数（住宅结构面积与建筑面积之比）越小，设计方案越经济。结构面积系数除与房屋结构有关外，还与房屋外形及其长度和宽度有关，同时也与房间平均面积大小和户型组成有关。房屋平均面积越大，内墙、隔墙在建筑面积所占比重就越小。

❹ 【答案】CDE

【解析】本题考查的是工程决策和设计阶段造价管理概述。在满足住宅功能和质量前提下，适当加大住宅宽度，墙体面积系数相应减少，有利于降低造价。

第二节 投资估算的编制

5.2.1 投资估算的概念及作用

投资估算的概念	投资决策阶段，对拟建项目所需投资的测算和估计形成投资估算文件的过程，是进行建设项目技术经济分析、评价和投资决策的基础
投资估算的作用	①投资机会研究与项目建议书阶段：项目主管部门审批项目建议书的依据之一，并对项目的规划、规模起参考作用。 ②可行性研究阶段：项目投资决策的重要依据，也是研究、分析、计算项目投资经济效果的重要条件。 ③方案设计阶段：是项目具体建设方案技术经济分析、比选的依据。该阶段的投资估算一经确定，即成为限额设计的依据，用以对各专业设计实行投资切块分配，作为控制和指导设计的尺度。 ④可作为项目资金筹措及制定建设贷款计划的依据，建设单位可根据批准的项目投资估算额，进行资金筹措和向银行申请贷款。 ⑤是核算建设项目固定资产投资需要额和编制固定资产投资计划的重要依据。 ⑥是建设工程设计招标、优选设计单位和设计方案的重要依据

5.2.2 投资估算的内容及依据

1. 编制内容

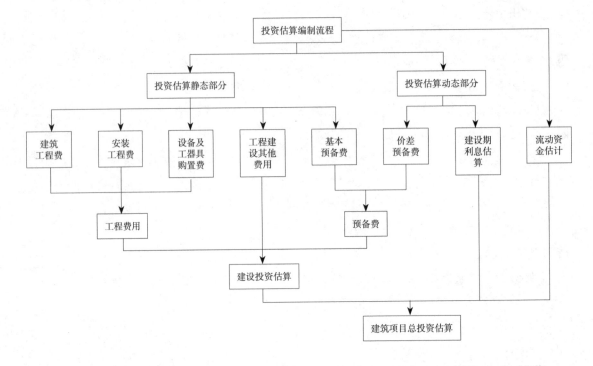

2. 编制依据（了解）

①国家、行业和地方政府的有关规定；

②拟建项目建设方案确定的各项工程建设内容；

③工程勘察与设计文件或有关专业提供的主要工程量和主要设备清单；

④行业部门、项目所在地工程造价管理机构或行业协会等编制的投资估算指标、概算指标（定额）、工程建设其他费用定额（规定）、综合单价、价格指数和有关造价文件等；

⑤类似工程的各种技术经济指标和参数；

⑥工程所在地的工、料、机市场价格，建筑、工艺及附属设备的市场价格和有关费用；

⑦政府有关部门、金融机构等部门发布的价格指数、利率、汇率、税率等有关参数；

⑧与项目建设相关的工程地质资料、设计文件、图纸等；

⑨其他技术经济资料。

5.2.3 投资估算的编制方法

单位生产能力估算法、生产能力指数法、系数估算法、比例估算法、指标估算法。（重点掌握前两种）

1. 项目建议书阶段的投资估算

单位生产能力估算法	特点：误差较大，可达±30%。 $$C_2 = \left(\frac{C_1}{Q_1}\right) \times Q_2 \times f$$ 假设建设投资与其生产能力的关系为简单的线性关系，估算简便迅速。 C_1——已建类似项目的静态投资额； C_2——拟建项目静态投资额； Q_1——已建类似项目的生产能力； Q_2——拟建项目的生产能力； f——不同时期、不同地点的定额、单价、费用变更等的综合调整系数

	特点：只知道工艺流程及规模就可以，在总承包工程报价时，承包商大都采用这种方法估价。

生产能力指数法

$$C_2 = C_1 \times \left(\frac{Q_2}{Q_1}\right)^x \times f$$	指数取值：正常情况下，$0 \leqslant x \leqslant 1$

规模比值	分类	生产能力指数
0.5~2	已建类似项目的生产规模与拟建项目生产规模相差不大时	1
2~50	拟建项目生产规模的扩大仅靠增大设备规模来达到时	0.6~0.7
	靠增加相同规格、设备的数量达到时	0.8~0.9

系数估算法（因子估算法）	选择拟建项目的主体工程费或主要设备费为基数，以其他工程费与主体工程费或设备购置费的百分比为系数。$C = E(1 + f_1 P_1 + f_2 P_2 + f_3 P_3 + \cdots) + I$ C——拟建项目的静态投资； E——拟建建设项目的主体工程费或主要生产工艺设备费； P_1、P_2、P_3……已建类似建设项目的辅助或配套工程费占主体工程费或主要生产工艺设备费的的比重； f_1、f_2、f_3……由于建设时间、地点而产生的定额水平、建筑安装材料价格、费用变更和调整等综合调整系数； I——拟建项目的其他费用

比例估算法	先求出已有同类企业主要设备投资占全厂建设投资的比例，然后再估算出拟建项目的主要设备投资。表达式为： $$I = \frac{1}{K}\sum_{i=1}^{n} Q_i P_i$$ I——拟建项目的静态投资； K——已建项目主要设备购置费占已建项目投资的比例； n——主要设备种类数； Q_i——第i种主要设备的数量； P_i——第i种主要设备的单价（到厂价格）

指标估算法	依据投资估算指标，对各单位工程或单项工程费用进行估算，进而估算建设项目总投资。 再按相关规定估算工程建设其他费用、基本预备费、建设期利息等，形成拟建项目静态投资

☑ 习题及答案解析

一、习题

① 【计算】某公司拟于2018年在某地区开工兴建年产45万t合成氨的化肥厂。2014年兴建的年产30万t同类项目总投资为28000万元。根据测算拟建项目造价综合调整系数为1.216，试采用单位生产能力估算法，计算该拟建项目所需静态投资为多少万元。

② 【单选】某地拟于2018年新建一年产70万t产品的项目，该地区2016年建成的年产60万t相同产品的项目的建设投资额为5200万元。假定2016年至2018年该地区工程造价年均递增6%，则该项目的建设投资约为（　　）万元。

    A. 5008 　　　　　 B. 6431 　　　　　 C. 6817 　　　　　 D. 7226

③ 【计算】某公司拟于2018年在某地区开工兴建年产45万t合成氨的化肥厂。2014年兴建的年产30万t同类项目总投资为28000万元。根据测算拟建项目造价综合调整系数为1.216，如果根据两个项目规模差异，确定生产能力指数为0.81，试采用生产能力指数估算法，计算该拟建项目所需静态投资为多少万元。

④ 【单选】某地2015年拟建一年产50万t产品的项目，预计建设期为3年。该地区2012年已建年产40万t的类似项目投资为2亿元。已知生产能力指数为0.8，该地区2013、2015年同类工程造价指数分别为108、112。用生产能力指数法估算的拟建项目静态投资为（　　）亿元。

    A. 1.73 　　　　　 B. 2.31 　　　　　 C. 2.45 　　　　　 D. 2.48

⑤ 【单选】2017年已建成年产20万t的某化工厂，2021年拟建年产100万t相同产品的新项目，并采用增加相同规格设备数量的技术方案。若应用生产能力指数法估算拟建项目投资额，则生产能力指数取值的适宜范围是（　　）。

    A. 0.5～0.6 　　　　 B. 0.6～0.7 　　　　 C. 0.7～0.8 　　　　 D. 0.8～0.9

二、答案与解析

① 【答案】51072万元

【解析】

$$C_2 = \left(\frac{C_1}{Q_1}\right) \times Q_2 \times f = \left(\frac{28000}{30}\right) \times 45 \times 1.216 = 51072（万元）$$

② 【答案】C

【解析】本题考查的是投资估算的编制方法。

该生产线的建设投资＝5200×（70/60）^{1}×（1+6%）^{2}=6817万元。

③【答案】 47285万元

【解析】

$$C_2 = C_1 \times \left(\frac{Q_2}{Q_1}\right)^x \times f = 28000 \times \left(\frac{45}{30}\right)^{0.81} \times 1.216 = 47285\text{（万元）}$$

④【答案】 D

【解析】本题考查的是投资估算的编制方法。

拟建项目静态投资 $= 2 \times (50/40)^{0.8} \times 112/108 = 2.48$。

⑤【答案】 D

【解析】本题考查的是投资估算的编制方法。

2. 可行性研究阶段的投资估算

建设工程费用估算	①单位建筑工程投资估算法	单位建筑工程量的投资×建筑工程总量
	②单位实物工程量投资估算法	单位实物工程量的投资×实物工程总量
	③概算指标投资估算法等	**适用：**没有上述估算指标且建筑工程费占总投资比例较大的项目。 **缺点：**投入的时间和工程量较大
设备购置费估算	具体估算方法请参见第三章第二节相关内容	
工程建设其他费用估算	①土地适用费估算	依据《中华人民共和国城镇国有土地使用权出让和转让暂行条例》的规定估算应支付的土地使用权出让金
	②与项目建设有关的其他费用估算	建设管理费、可行性研究费、研究试验费、勘察费、设计费、专项评价费、场地准备及临时设施费、工程保险费、特殊设备安全监督检测费、市政公用设施费等
	③与未来企业生产经营有关的其他费用估算	**联合试运转费：**不包含应由设备安装工程费项下开支的单台设备调试费及试车费用。 生产准备费
基本预备费估算	基本预备费＝（建设工程费+工程建设其他费用）×基本预备费率	
价差预备费	①主要内容	人、材、机、设备的价差； 建筑安装工程费及工程建设其他费用的调整； 利率、汇率调整等增加的费用

价差预备费	②计算公式	$$P = \sum_{t=1}^{n} I_t \left[(1+f)^m (1+f)^{0.5} (1+f)^{t-1} - 1 \right]$$ 公式可简化为: $$P = \sum_{t=1}^{n} I_t \left[(1+f)^{m+t-0.5} - 1 \right]$$ 式中　P——价差预备费（万元）； 　　　n——建设期（年）； 　　　I_t——静态投资部分第t年投入的工程费用（万元）； 　　　f——年涨价率（%）； 　　　m——建设前期年限（从编制估算到开工建设，单位：年）。 需掌握算法
建设期利息估算	③计算方法	当总贷款分年均衡发放，当年借款在年中支用考虑，即当年贷款按半年利息，而以年度的本利和则按全年计息（记忆：复利，最后一年按半年）
	④计算公式	$$q_j = \left(p_{j-1} + \frac{1}{2} A_j \right) \cdot i \qquad (j = 1, \cdots, n)$$ 式中　q_j——建设期第j年利息； 　　　p_{j-1}——建设期第(j-1)年末贷款累计金额与利息累计金额之和； 　　　A_j——建设期第j年贷款金额； 　　　i——年利率； 　　　n——建设期年份数
		建设期利息合计为：$q = \sum_{j=1}^{n} q_j$

☑ 习题及答案解析

一、习题

❶【单选】某建设项目静态投资20000万元，项目建设前期年限为1年，建设期为2年，计划每年完成投资50%，年均投资价格上涨率为4%，该项目建设期价差预备费为（　）万元。

A. 1211.92　　　　　B. 1573.92　　　　　C. 2060.40　　　　　D. 3272.32

❷【单选】某建设项目建筑安装工程费为8000万元，设备购置费为1500万元，工程建设其他费用为2200万元，建设期利息为800万元。若基本预备费费率为6%，则该建设项目的基本预备费为（　）万元。

A. 612　　　　　　　B. 450　　　　　　　C. 702　　　　　　　D. 750

❸【单选】某项目建设期为2年，第一年贷款5000万元，第二年贷款3000万元，贷款年利率12%，贷款在年内均衡发放，建设期内只计息不付息。该项目第二年的建设期利息为（　　）万元。

A．780　　　　　　B．816　　　　　　C．866　　　　　　D．960

二、答案与解析

❶【答案】D

【解析】本题考查的是可行性研究阶段的投资估算。

第一年的价差预备费＝20000×［（1+4%）$^{1+1-0.5}$−1］＝1211.92（万元），

第二年的价差预备费＝20000×［（1+4%）$^{1+2-0.5}$−1］＝2060.40（万元），价差费合计＝1211.92+2060.40＝3272.32（万元）。（参见本书的简化公式）。

$$P = \sum_{t=1}^{n} I_t \left[(1+f)^{m+t-0.5} - 1 \right]$$

❷【答案】C

【解析】本题考查的是可行性研究阶段的投资估算。

基本预备费＝（工程费用+工程建设其他费用）×基本预备费率＝（8000+1500+2200）×6%＝702万元。

❸【答案】B

【解析】本题考查的是可行性研究阶段的投资估算。

第一年利息＝5000/2×12%＝300（万元），

第二年利息＝（5000+300+3000/2）×12%＝816（万元）。

3．流动资金的估算

分项详细估算法	①流动资产＝应收账款+预付账款+存货+库存现金； ②流动负债＝应付账款+预收账款； ③流动资金＝流动资产−流动负债； ④可行性研究阶段的流动资金预估应采用分项详细估算法
扩大指标估算法	扩大指标估算法简单易行，但准确度不高，适用于项目建议书阶段的估算
	年流动资金额＝年费用基数×各类流动资金流动率 年流动资金额＝年产量×单位产品产量占用流动资金额 一般常用基数包括：营业收入、经营成本、总成本费用、固定资产投资等。 需要注意的是，流动资金属于长期性（永久性）流动资产。其筹措可按自有资本金和长期负债两种方式解决。自有资本金部分一般不能低于流动资金总额的30%。在投产的第一年开始按生产负荷安排流动资金需用量。 流动资金的借款部分按全年计算利息，并计入生产期间财务费用，项目计算期末收回全部流动资金

☑ 习题及答案解析

一、习题

〔单选〕采用分项详细估算法估算项目流动资金时，流动资产的正确构成是（　　）。

A. 应付账款+预付账款+存货+年其他费用

B. 预付账款+现金+应收账款+存货

C. 应收账款+存货+预收账款+现金

D. 应付账款+应收账款+存货+现金

二、答案与解析

〔答案〕B

〔解析〕题考查的是可行性研究阶段的投资估算。流动资产＝应收账款+预付账款+存货+库存现金；流动负债＝应付账款+预收账款。

5.2.4　投资估算的文件组成

①编制说明；

②投资估算分析；

③投资估算汇总表；

④单项工程投资估算表；

⑤主要技术经济指标。

5.2.5　投资估算的编制实例（略）

5.2.6　投资估算的审核

①审核和分析投资估算编制依据的时效性、准确性和实用性；

②审核选用的投资估算方法的科学性与适用性；

③审核投资估算的编制内容与拟建项目规划要求的一致性；

④审核投资估算的费用项目、费用数额的真实性。

5.3.1　设计概算的概念及作用

设计概算的概念	设计概算书是设计文件的重要组成部分，在报批设计文件时，必须同时报批设计概算文件。 采用两阶段设计的建设项目，初步设计阶段必须编制设计概算； 采用三阶段设计的建设项目，扩大初步设计阶段必须编制修正概算
设计概算的作用	①编制固定资产投资计划、确定和控制项目投资的依据。按照国家规定，编制年度固定资产投资计划，确定计划投资总额及其构成数额，要以批准的初步设计概算为依据，没有批准的初步设计文件及其概算，建设工程就不能列入年度固定资产投资计划。 ②控制施工图设计和施工图预算的依据。设计单位必须按照批准的初步设计和总概算进行施工图设计，施工图预算不得突破设计概算，如确需突破总概算时，应按规定程序报批。 ③衡量设计方案技术经济合理性和选择最佳设计方案的依据。 ④编制招标控制价和投标报价的依据。 ⑤签订建设工程合同和贷款合同的依据。 ⑥考核建设项目投资效果的依据

☑ 习题及答案解析

一、习题

〔单选〕按照国家有关规定，作为年度固定资产投资计划、计划投资总额及构成数额的编制和确定依据的是（　　）。

A. 经批准的投资估算　　　　　　　B. 经批准的施工图预算

C. 经批准的设计概算　　　　　　　D. 经批准的工程决算

二、答案与解析

【答案】C

【解析】本题考查的是设计概算的编制。设计概算是编制固定资产投资计划、确定和控制建设项目投资的依据。

5.3.2 设计概算编制内容及依据

编制内容	**三级概算：** ①单位工程概算（建筑工程概算、设备及安装工程概算） ②单项工程综合概算（工程费用） ③建设项目总概算（建设项目总投资） 当建设项目只有一个单项工程时，采用单位工程概算、总概算两级概算编制形式

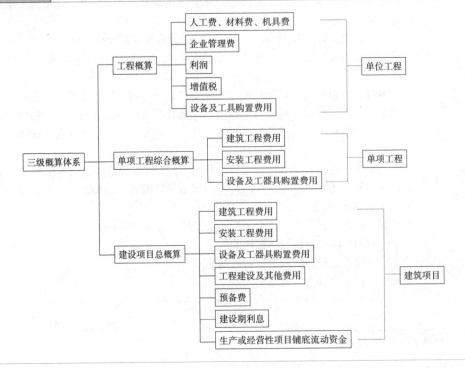

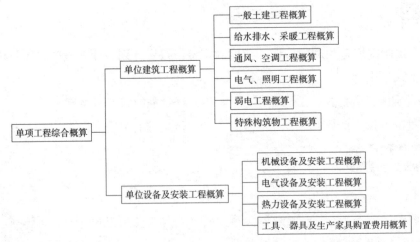

编制依据	①国家、行业和地方政府有关建设和造价管理的法律、法规、规定； ②相关文件和费用资料； ③施工现场资料

☑ 习题及答案解析

一、习题

❶【单选】单位工程概算按其工程性质可分为单位建筑工程概算和单位设备及安装工程概算两类，下列属于单位设备及安装工程概算的是（　　）。

A. 通风、空调工程概算
B. 电气、照明工程概算
C. 弱电工程概算
D. 工器具及生产家具购置费概算

❷【单选】某建设项目由若干单项工程构成，应包含在其中某单项工程综合概算中的费用项目是（　　）。

A. 研究试验费
B. 基本预备费
C. 建筑安装工程费
D. 办公和生活用品购置费

二、答案与解析

❶【答案】D

【解析】本题考查的是设计概算的编制。选项A、B、C属于单位建筑工程概算的内容。

❷【答案】C

【解析】本题考查的是设计概算的编制。综合概算的一般应包括建筑工程费用、安装工程费用、设备及工器具购置费。选项ABD属于建设项目总概算的内容，不包含在单项工程综合概算中。

5.3.3 设计概算的编制方法

1. 单位工程概算的编制方法

概算定额法	适用范围	初步设计达到一定深度，建筑结构尺寸比较明确，精度高、工作量大的工程
	编制方法又称扩大单价法或扩大结构定额法	①熟悉图纸，了解设计意图、施工条件和施工方法； ②按照概算定额的分部分项顺序，列出分部工程（或扩大分项工程或扩大结构构件）的项目名称，并计算工程量； ③确定各分部工程项目的概算定额单价； ④根据分部工程的工程量和相应的概算定额单价计算人工、材料、机械费用； ⑤计算企业管理费、利润和增值税； ⑥计算单位工程概算造价； ⑦编写概算编制说明 需掌握算法

	适用范围	①设计深度不够，不能准确计算出工程量，但工程设计技术比较成熟，有类似工程概算指标可以利用的工程。 ②初步设计阶段编制的建筑物工程，较为简单或单一的构筑工程
概算指标法	公式	结构变化修正概算指标（元/m²）$=J+Q_1P_1-Q_2P_2$ 式中：J——原概算指标； Q_1——概算指标中换入结构的工程量； Q_2——概算指标中换出结构的工程量； P_1——换入结构的单价指标； P_2——换出结构的单价指标。 需掌握算法
	设备、人工、材料、机械台班费用的调整	设备、人工、材料、机械修正概算费用 $=$ 原概算指标的设备、人工、材料、机械费用 $+\sum\left(\begin{array}{c}\text{换入设备、人工、}\\ \text{材料、机械数量}\end{array}\times\begin{array}{c}\text{拟建地区}\\ \text{相应单价}\end{array}\right)$ $-\sum\left(\begin{array}{c}\text{换入设备、人工、}\\ \text{材料、机械数量}\end{array}\times\begin{array}{c}\text{原概算指标的设备、}\\ \text{人工、材料、机械单价}\end{array}\right)$
类似工程预算法	适用范围	拟建工程设计与已完工程或在建工程的设计相类似而又没有可用的概算指标时采用，但必须对建筑结构差异和价差进行调整
	①类似工程造价资料有具体的人工、材料、机械台班的用量时，可按类似工程预算造价资料中的主要材料用量、工日数量、机械台班用量乘以拟建工程所在地的主要材料预算价格、人工单价、机械台班单价，计算出人材机费用合计，再计取相关费税，即可得出所需的造价指标	
	②类似工程预算成本包括人工费、材料费、施工机具使用费和其他费（指管理等成本支出）时，可按下面公式调整： $$D=A\cdot K$$ $$K=a\%K_1+b\%K_2+c\%K_3+d\%K_4$$ 式中：　　D——拟建工程成本单价； 　　　　　A——类似工程成本单价； 　　　　　K——成本单价综合调整系数； $a\%$、$b\%$、$c\%$、$d\%$——类似工程预算的人工费、材料费、施工机具使用费、其他费占预算造价的比重，如$a\%$＝类似工程人工费（或工资标准）/类似工程预算造价×100%，$b\%$、$c\%$、$d\%$类同； 　K_1、K_2、K_3、K_4——拟建工程地区与类似工程预算造价在人工费、材料费、施工机具使用费和其他费之间的差异系数，如：K_1＝拟建工程概算的人工费（或工资标准）/类似工程预算人工费（或地区工资标准），K_2、K_3、K_4类同。 需掌握算法	

2. 设备及安装单位工程概算的编制方法

包括：设备总原价、运杂费；公式：设备运杂费＝设备总原价×运杂费率。

方法	适用
预算单价法	初步设计较深，有详细设备清单时适用
扩大单价法	初步设计深度不够、设备清单不完备，只有主体设备或仅有成套设备时适用
设备价值百分比法	初步设计深度不够，只有设备出厂价时适用； 常用于价格波动不大的定型产品和通用设备产品； 按设备原价×安装费率计算
综合吨位指标法	初步设计提供的设备清单有规格和设备重量时适用； 常用于设备价格波动较大的非标准设备和引进设备的安装工程概算。 按设备吨重×每吨设备安装费指标计算

☑ 习题及答案解析

一、习题

❶ 【单选】某拟建工程初步设计已达到必要的深度，能够据此计算出扩大分项工程的工程量，则能较为准确地编制拟建工程概算的方法是（　　）。

　　A．概算指标法　　　　　　　　　　B．概算定额法

　　C．类似工程预算法　　　　　　　　D．综合吨位指标法

❷ 【单选】在建筑工程初步设计文件深度不够、不能准确计算出工程量的情况下，可采用的设计概算编制方法是（　　）。

　　A．概算指标　　　　　　　　　　　B．法概算定额法

　　C．预算单价法　　　　　　　　　　D．综合吨位指标法

❸ 【单选】某地拟建一办公楼，当地类似工程的单位工程概算指标（工料单价）为3600元/m²。概算指标为瓷砖地面，拟建工程为复合木地板，每100m²该类建筑中铺贴地面面积为50m²。当地预算定额中瓷砖地面和复合木地板的预算单价分别为128元/m²、190元/m²。假定以人、材、机费用之和为基数取费，综合费率为25%。则用概算指标法计算的拟建工程造价指标为（　　）元/m²。

　　A．2918.75　　　　B．3413.75　　　　C．3631.00　　　　D．3638.75

❹ 【单选】某地拟建一幢建筑面积为2500m²办公楼。已知建筑面积为2700m²的类似工程预算成本为216万元，其人、材、机、其他费占预算成本的比重分别为20%、50%、10%、20%。拟建工程和类似工程地区的人工费、材料费、施工机具使用费、其他费之间的差异系数分别是1.1、1.2、1.3、1.15，综合费率为4%，则利用类似工程预算法编制该拟建工程概算造价为（　　）万元。

　　A．252.20　　　　B．254.44　　　　C．287.40　　　　D．302.80

❺ 【单选】当初步设计深度不够，只有设备出厂价而无详细规格、重量时，编制设备安装

工程费概算可选用的方法是（　　）。

A．综合吨位指标法
B．设备系数法

C．设备价值百分比法
D．预算单价法

⑥ 【单选】当初步设计深度较深、有详细的设备清单时，最能精确地编制设备安装工程费概算的方法是（　　）。

A．扩大单价法
B．预算单价法

C．设备价值百分比法
D．综合吨位指标法

⑦ 【多选】单位设备安装工程概算的编制方法主要有（　　）。

A．概算定额法
B．设备价值百分比法

C．综合吨位指标法
D．概算指标法

E．预算单价法

二、答案与解析

① 【答案】B

【解析】本题考查的是设计概算的编制。概算定额法适用于设计达到一定深度，建筑结构尺寸比较明确，能按照设计的平面、立面、剖面图纸计算出楼地面、墙身、门窗和屋面等分项工程（或扩大分项工程或扩大结构构件）工程量的项目。

② 【答案】A

【解析】本题考查的是设计概算的编制。在方案设计中，由于设计无详图而只有概念性设计时，或初步设计深度不够，不能准确地计算出工程量，但工程设计采用的技术比较成熟时可以选定与该工程相似类型的概算指标编制概算。

③ 【答案】D

【解析】本题考查的是设计概算的编制。$3600+50/100×（190-128）×（1+25\%）=3638.75$（元/$m^2$）。

④ 【答案】B

【解析】本题考查的是设计概算的编制。综合调整系数$=20\%×1.1+50\%×1.2+10\%×1.3+20\%×1.15=1.18$；拟建工程概算造价$=2160000/2700×1.18×（1+4\%）×2500=245.44$万元。

⑤ 【答案】A

【解析】本题考查的是设计概算的编制。设备价值百分比法，又叫安装设备百分比法。当初步设计深度不够，只有设备出厂价而无详细规格、重量时，安装费可按占设备费的百分比计算。

⑥ 【答案】B

【解析】本题考查的是设计概算的编制。设备安装工程概算的编制方法：（1）预算单价法：初步设计较深，有详细设备清单时适用；（2）扩大单价法：初步设计深度不够、设备清单不完备，或仅有成套设备时适用；（3）设备价值百分比法：初步设计深度不够，只有设备出厂价。设备原价×安装费率适用于价格波动大不大的定型产品和通用产品；（4）综合吨位指标法：初步设计提供的设备清单有规格和设备重量时；适用于设备价格波动较大的非标准设备和引进设备的安装工程概算。

❼【答案】BCE

【解析】本题考查的是设计概算的编制。单位设备安装工程概算的编制方法主要有设备价值百分比法、综合吨位指标法、预算单价法、扩大单价法。

3. 单项工程综合概算的编制方法

1）单项工程综合概算的含义

单项工程综合概算（以下简称综合概算）是以初步设计文件为依据，在单位工程概算的基础上汇总单项工程工程费用的成果文件，是设计概算书的组成部分。

2）单项工程综合概算的内容

综合概算是以单项工程所包括的各个单位工程概算为基础，采用"综合概算表"进行汇总编制而成。综合概算表由建筑工程和设备及安装工程两大部分组成。

4. 建设项目总概算的编制

含义	确定一个完整建设项目概算总投资文件，是在设计阶段对建设项目投资总额度的概算，是设计概算的最终汇总性造价文件
内容	编制说明、总概算表、各单项工程综合概算书、工程建设其他费用概算表、主要建筑安装材料汇总表

5.3.4　设计概算文件的组成

三级编制	封面、签署页、目录、编制说明、总概算表、其他费用计算表、单项工程综合概算表组成总概算册、根据情况由封面、单项工程综合概算表、单位工程概算表及附件组成各概算分册
二级编制	封面、签署页、目录、编制说明、总概算表、其他费用计算表、单项工程综合概算表组成，将所有概算文件组成一册

5.3.5　设计概算的审查

审查设计概算的意义	①有利于合理分配投资资金、加强投资计划管理，合理确定和有效控制工程造价； ②有利于促进概算编制单位严格执行国家有关概算的编制规定和费用标准，从而提高概算的编制质量； ③有利于促进设计的技术先进性与经济合理性； ④有利于核定建设项目的投资规模； ⑤有利于为建设项目投资的落实提供可靠的依据

设计概算 审查的内容	审查设计概算的 编制依据	①审查编制依据的合法性； ②审查编制依据的时效性； ③审查编制依据的适用范围
	审查概算编制 深度	①审查编制说明； ②审查概算编制深度； ③审查概算的编制范围
	审查概算的 内容	①是否符合国家方针、政策、根据工程所在地自然条件； ②建设规模、建设标准等是否符合原批准文件； ③编制方法、计价依据和程序是否符合规定； ④工程量是否正确； ⑤材料用量和价格、主要材料用量是否正确； ⑥设备规格、数量、配置是否符合设计要求； ⑦建筑安装工程的各项费用是否符合国家或地方相关规定； ⑧综合概算、总概算的编制内容、方法是否符合现行规定； ⑨概算文件的组成文件内容是否完整； ⑩工程建设其他费用项目占比是否符合； ⑪"三废"治理； ⑫技术经济指标计算方法和程序是否正确； ⑬设计概算是否达到先进可靠、经理合理的要求
审查设计概 算的方法	对比分析法	通过建设规模、标准与立项批文对比，工程数量与设计图纸对比，综合范围、内容与编制方法、规定对比，各项取费与规定标准对比等，发现设计概算存在的主要问题和偏差，为解决问题和纠偏提供前提条件
	查询核实法	对一些关键设备和设施、重要装置、引进工程图纸不全、难以核算的较大投资进行多方查询核对，逐项落实的方法
	联合会审法	联合会审前，可先采取多种形式分头审查，包括设计单位自审，主管、建设、承包单位初审，工程造价咨询公司评审，邀请同行专家预审，审批部门复审等，经层层审查把关后，由有关单位和专家进行联合会审

5.3.6 设计概算的调整

批准后的设计概算一般不得调整。允许调整概算的原因及流程如下：

调整的原因 （记忆：重大）	①超出原设计范围的重大变更； ②超出基本预备费规定范围，不可抗拒的重大自然灾害引起的工程变动或费用增加； ③超出工程造价调整预备费，属国家重大政策性的调整
调整的流程 （记忆：一次）	由建设单位调查分析原因，报主管部门审批同意后，由原设计单位核实编制调整概算，并按有关审批程序报批。一个工程只允许调整一次概算

习题及答案解析

一、习题

【单选】下列原因中，**不能据以调整设计概算的是**（　　）。

A. 超出原设计范围的重大变更

B. 超出预备费的国家重大政策性调整

C. 超出基本预备费规定范围的不可抗拒重大自然灾害引起的工程变动和费用增加

D. 超出承包人预期的货币贬值和汇率变化

二、答案与解析

【答案】D

【解析】本题考查的是设计概算的编制。允许调整概算的原因包括以下几点：（1）超出原设计范围的重大变更；（2）超出基本预备费规定范围不可抗拒的重大自然灾害引起的工程变动和费用增加；（3）超出工程造价调整预备费的国家重大政策性的调整。

第四节　施工图预算的编制

5.4.1　施工图预算的概念与作用

1. 施工图预算的概念

施工图预算的概念		施工图预算即以施工图设计文件为依据，按照规定的程序、方法和依据，在工程施工前对工程项目的工程费用进行的预测与计算。施工图预算的成果文件称作施工图预算书，也简称施工图预算
施工图预算的作用	对设计方的作用	①根据施工图预算进行控制投资； ②根据施工图预算调整、优化设计
	对投资方的作用	①设计阶段控制工程造价的重要环节，是控制施工图设计不突破设计概算的重要措施； ②控制造价及资金合理使用的依据，筹集建设资金，合理安排建设资金计划，保证资金有效使用； ③确定工程招标限价（或标底）的依据； ④可以作为确定合同价款、拨付工程进度款及办理工程结算的基础

施工图预算的作用	对施工方的作用	①建筑施工企业投标报价的基础； ②建筑工程预算包干的依据和签订施工合同的主要内容； ③施工企业安排调配施工力量、组织材料供应的依据； ④施工企业控制工程成本的依据； ⑤进行"两算"对比的依据（即通过施工图预算和施工预算的对比分析，找出差距，采取必要的措施）
	对其他有关方的作用	①对造价咨询企业。客观、准确地为委托方做出施工图预算，不仅体现出企业的技术和管理水平、能力，而且能够保证企业信誉、提高企业市场竞争力； ②对工程项目管理、监理等企业。客观准确的施工图预算是为业主方提供投资控制咨询服务的依据； ③对工程造价管理部门。是监督、检查定额标准执行情况、测算造价指数以及审定工程招标限价（或标底）的重要依据； ④如在履行合同的过程中发生经济纠纷，施工图预算还是有关调解、仲裁、司法机关按照法律程序处理、解决问题的依据

☑ 习题及答案解析

一、习题

❶ 【多选】施工图预算对投资方、施工企业都具有十分重要的作用。下列选项中仅属于对施工企业作用的有（　　）。

　　A. 确定合同价款的依据　　　　　B. 控制资金合理使用的依据

　　C. 控制工程施工成本的依据　　　D. 办理工程结算的依据

　　E. 调配施工力量的依据

❷ 【单选】单选关于施工图预算的作用，下列说法中正确的是（　　）。

　　A. 施工图预算是施工单位安排建设资金计划的依据

　　B. 施工图预算是工程造价管理部门制定招标控制价的依据

　　C. 施工图预算是业主方进行施工图预算与施工预算"两算"对比的依据

　　D. 施工图预算可以作为业主拨付工程进度款的基础

二、答案与解析

❶ 【答案】CE

　　【解析】本题考查的是施工图预算的编制。施工图预算对施工企业的作用：（1）施工图预算是建筑施工企业投标报价的基础；（2）施工图预算是建筑工程预算包干的依据和签订施工合同的主要内容；（3）施工图预算是施工企业安排调配施工力量、组织材料供应的依据；（4）施工图预算是施工企业控制工程成本的依据；（5）施工图预算是进行"两算"对比的依据。选项ABE属于施工图预算对投资方的作用。

❷【答案】D

【解析】本题考查的是施工图预算的编制。AB应该是投资方，C应该是施工方。

5.4.2 施工图预算编制内容及依据

1. 编制内容

单位工程预算	根据施工图设计文件、现行预算定额、单位估价表、费用定额以及人工、材料、设备、机械台班等预算价格资料，以单位工程为对象编制的建筑安装工程费用施工图预算
单项工程预算	以单项工程为对象，汇总所包含的各个单位工程施工图预算，称为单项工程施工图预算（简称单项工程预算）
建设项目总预算	以建设项目为对象，汇总所包含的各个单项工程施工图预算和工程建设其他费用估算，形成最终的建设项目总预算

2. 编制依据

依据	①有关工程建设和造价管理的法律、法规和规定； ②施工图设计文件； ③勘察、勘测资料； ④《建设工程工程量清单计价规范》GB 50500–2013和专业工程工程量计算规范或预算定额（单位估价表）、地区材料市场与预算价格等相关信息以及颁布的人、材、机预算价格，工程造价信息，取费标准，政策性调价文件等

5.4.3 施工图预算的编制方法

1. 施工图预算的编制方法综述

流程	施工图预算是按照单位工程→单项工程→建设项目逐级编制和汇总的，所以施工图预算编制的关键是在于单位工程施工图预算
工料单价法	指分部分项工程的工料机单价。 按照分部分项工程单价产生的方法不同，工料单价法又可以分为：预算单价法、实物量法
综合单价法	适用于工程量清单计价模式下施工图预算编制

2. 实物量法

实物量法的优点	能比较及时地将各种人工、材料、机械的当时当地市场单价计入预算价格，不需调价，可反映当时当地的工程价格水平

实物量法编制步骤	①编制前的准备工作； ②熟悉图纸等设计文件和预算定额； ③了解施工组织设计和施工现场情况； ④划分工程项目和计算工程量； ⑤套用定额消耗量，计算人工、材料、机械台班消耗量； ⑥计算并汇总单位工程的人工费、材料费和施工机具使用费； ⑦计算其他费用，汇总工程造价 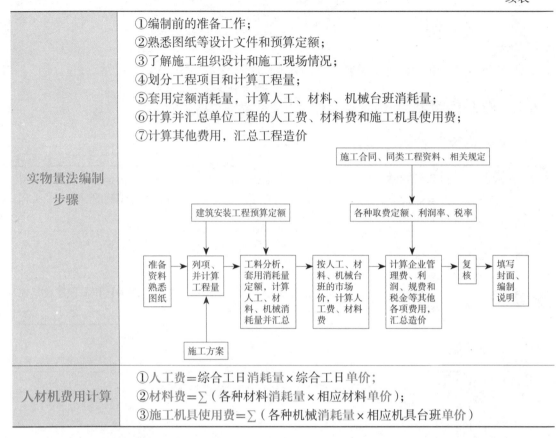
人材机费用计算	①人工费=综合工日消耗量×综合工日单价； ②材料费=$\sum$（各种材料消耗量×相应材料单价）； ③施工机具使用费=$\sum$（各种机械消耗量×相应机具台班单价）

5.4.4 施工图预算的文件组成

文件组成	由封面、签署页及目录、编制说明、建设项目总预算表、其他费用计算表、单项工程综合预算表、单位工程预算表等组成
编制说明组成	①编制依据，包括本预算的设计文件全称、设计单位，所依据的定额名称，在计算中所依据的其他文件名称，施工方案主要内容等； ②图纸变更情况，包括施工图中变更部位和名称，因某种原因变更处理的构部件名称，因涉及图纸会审或施工现场需要说明的有关问题； ③执行定额的有关问题，包括按定额要求本预算已考虑和未考虑的有关问题； ④因定额缺项，本预算所作补充或借用定额情况说明； ⑤甲乙双方协商的有关问题

5.4.5 施工图预算的审查

1. 审查施工图预算的意义	①有利于合理确定和有效控制工程造价，克服和防止预算超概算现象发生； ②有利于加强固定资产投资管理，合理使用建设资金； ③有利于施工承包合同价的合理确定和控制。因为施工图预算对于招标工程，它是编制招标限价、投标报价、签订工程承包合同价、结算合同价款的基础； ④有利于积累和分析各项技术经济指标，不断提高设计水平

2. 施工图预算审查的内容	①工程量的审查； ②审查设备、材料的预算价格； ③审查预算单价的套用； ④审查有关费用项目及其取值	
3. 施工图预算审查方法	**方法**	**特点**
	①全面审查法	逐项审查法，优点：全面、细致，审查质量高。缺点：工作量大。适合于一些工程量小、工艺简单的工程
	②标准预算审查法	优点：时间短、效果好。缺点：适用范围小。仅适用于采用标准图纸或通用图纸的工程
	③分组计算审查法	审查速度快、工作量小。利用工程量之间具有相同或相似计算基础的关系，判断同组分项工程量的计算准确度
	④对比审查法	选择具有可比性的同类工程的预算
	⑤筛选审查法	找出单位建筑面积的工程量、造价、用工的基本数值，进而实现"筛选"。优点：简单易懂、便于掌握，审查速度快、便于发现问题（利用单位面积的"基本数据"）
	⑥重点抽查法	以结构复杂、工程量大、造价高的工程。优点：突出重点，审查时间短、效果较好
	⑦利用手册审查法	把工程中常用的构件、配件，事先整理成预算手册。利用这些手册对新建工程进行对照审查，可大大简化预算的审查工作量
	⑧分解对比审查法	将拟建工程按人工费、材料费、施工机具使用费与企业管理费等进行分解，然后再把人工费、材料费、施工机具使用费按工种和分部工程进行分解，分别与审定的标准预算进行对比分析
4. 施工图预算审查的步骤	①做好审查前的准备工作； ②选择合适的审查方法，按相应内容审查； ③预算调整	
5. 施工图预算的批准	经审查合格后的施工图预算提交审批部门复核，复核无误后就可以批准，一般以文件的形式正式下达审批预算。与设计概算的审批不同，施工图预算的审批虽然要求审批部门应具有相应的权限，但严格程度较低	

☑ 习题及答案解析

一、习题

❶【单选】对于设计方案比较特殊，无同类工程可比，且审查精度要求高的施工图预算，适宜采用的审查方法是（　　）。

A. 对比审查法　　　　　　　　B. 标准预算审查法

C. 全面审查法　　　　　　　　　　D. 重点审查法

❷【单选】当建设工程条件相同时，用同类已完工程的预算或未完但已经过审查修正的工程预算审查拟建工程的方法是（　　）。

A. 标准预算审查法　　　　　　　　B. 全面审查法

C. 筛选审查法　　　　　　　　　　D. 对比审查法

❸【单选】实物量法编制施工图预算的基本步骤中，了解施工组织设计和施工现场情况后，紧接的工作是（　　）。

A. 划分工程项目和计算工程量

B. 计算并汇总单位工程的人工费、材料费和施工机具使用费

C. 计算工程量

D. 熟悉图纸

二、答案与解析

❶【答案】C

【解析】本题考查的是施工图预算的编制。题干中的设计方案比较特殊，无同类工程可比且审查精度较高，所以应当采用全面审查法。而且，该方法具有全面、细致，审查质量高、效果好的特点。在备选答案中，对比审查法（A），需要找到规模、标准等同类的工程；重点审查法（D），标准预算审查法（B），需要工程采用标准图设计；重点审查法（D），适合于在规模较大的工程中，突出重点。

❷【答案】D

【解析】本题考查的是施工图预算的编制。对比审查法是用已建工程的预算或虽未建成但已通过审查的工程预算，对比审查拟建工程预算的一种方法。

❸【答案】A

【解析】本题考查的是实物量法编制施工图预算的步骤。

第六章

工程施工招投标阶段造价管理

第一节　施工招标方式和程序

第二节　施工招投标文件组成

第三节　施工合同示范文本

第四节　工程量清单编制

第五节　最高投标限价的编制

第六节　投标报价编制

6.1.1　招标投标的概念

工程建设项目招标投标是国际上广泛采用的，建设项目业主择优选择工程承包商或材料设备供应商的主要交易方式。

文件	性质
建设工程招标文件	要约邀请
投标文件	要约
中标通知书	承诺
招标投标制度的作用	

①节省资金，确保质量，保证项目按期完成，提高投资效益和社会效益；

②创造公平竞争的市场环境，促进企业间的公平竞争，有利于推动中国建立社会主义市场经济的步伐；

③依法招标，能够保证在市场经济条件下进行最大限度的竞争，有利于实现社会资源的优化配置，提高涉及企事业单位的业务技术能力和企业管理水平；

④依法招标有利于克服不正当竞争，有利于防止和堵住采购活动中的腐败行为；

⑤普遍推广应用招投标制度，有利于保护国家利益、社会公共利益和招标投标活动当事人的合法利益

6.1.2　我国招投标制度概述

1. 招标投标法规体系

2. 必须招标的建设工程范围

必须招标的建设工程范围	
全部或部分使用国有资金投资或者国家融资的项目	①使用预算资金200万元人民币以上，并且该资金占投资额10%以上的项目； ②使用国有企业事业单位资金，并且该资金占控股或者主导地位的项目
使用国际组织或者外国政府贷款、援助资金的项目	①使用世界银行、亚洲开发银行等国际组织贷款、援助资金的项目； ②使用外国政府及其机构贷款、援助资金的项目

不属于以上规定情形的大型基础设施、公用事业等关系社会公共利益、公众安全的项目，必须招标的具体范围由国务院发展改革部门会同国务院有关部门按照确有必要、严格限定的原则制定，报国务院批准

以上规定范围内的项目，其勘察、设计、施工、监理以及与工程建设有关的重要设备、材料等的采购达到下列标准之一的，必须招标	①施工单项合同估算价在400万元人民币以上； ②重要设备、材料等货物的采购，单项合同估算价在200万元人民币以上； ③勘察、设计、监理等服务的采购，单项合同估算价在100万元人民币以上

涉及国家安全、国家秘密、抢险救灾或者属于利用扶贫资金实行以工代赈、需要使用农民工等特殊情况，不适宜进行招标的项目，按照国家有关规定可以不进行招标。此外，有下列情形之一的，也可以不进行招标。

可以不进行招标的项目
①需要采用不可替代的专利或者专有技术； ②采购人依法能够自行建设、生产或者提供； ③已通过招标方式选定的特许经营项目投资人依法能够自行建设、生产或者提供； ④需要向原中标人采购工程、货物或者服务，否则将影响施工或者功能配套要求； ⑤国家规定的其他特殊情形

6.1.3　工程施工招标方式

招标方式：公开招标和邀请招标。

招标方式	公开招标	邀请招标
优点	①招标人选择范围广，易于获得有竞争性的商业报价； ②避免招标过程中的贿标行为	节约了招标费用、缩短了招标时间
缺点	①工作量大、招标时间长、费用高； ②资格条件设置不当可能导致评标困难，甚至出现恶意报价行为； ③增大合同履约风险	投标竞争激烈程度较低
相关要求	招标人不得以不合理的条件限制或者排斥潜在投标人，不得对潜在投标人实行歧视待遇	
	应当发布招标公告	应当向3个以上具备承担招标项目的能力、资信良好的特定法人或者其他组织发出投标邀请书

6.1.4　工程施工招标组织形式

招标组织形式：分为招标人自行组织招标和招标人委托招标代理机构代理招标两种。

招标组织形式	自行组织招标	委托招标代理机构代理招标
资质要求	具有编制招标文件和组织评标能力的招标人	①有从事招标代理业务的营业场所和相应资金； ②有能够编制招标文件和组织评标的相应专业力量； ③有符合《招标投标法》规定条件，可以作为评标委员会成员人选的技术、经济等方面的专家库
说明	任何单位和个人不得强制其委托招标代理机构办理招标事宜	招标人有权自行选择招标代理机构。任何单位和个人不得以任何方式为招标人指定招标代理机构
相关要求	应当向有关行政监督部门备案	遵守《招标投标法》和《招标投标法实施条例》关于招标人的规定。不得在所代理的招标项目中投标或者代理投标，也不得为所代理的招标项目的投标人提供咨询

6.1.5　工程施工招标程序

招标方式	公开招标	邀请招标
招标程序	招标准备→资格审查与投标→开标评标与授标	
差异	①使承包商获得招标信息的方式不同； ②对投标人资格审查的方式不同	

☑ 习题及答案解析

一、习题

❶【多选】根据《工程建设项目招标范围和规模标准规定》，必须招标范围内的各类工程建设项目，达到下列标准之一必须进行招标的有（　　）。

　　A. 施工单项合同估算价为人民币500万

　　B. 材料采购的单项合同估算价为人民币180万

　　C. 项目总投资额为人民币2500万

　　D. 监理服务采购的单项合同估算价为人民币160万

　　E. 重要设备采购的单项合同估算价为人民币250万

❷【多选】下列情形中，依法可以不招标的项目有（　　）。

　　A. 采购人的全资子公司能够自行建设的

　　B. 需要使用不可替代的施工专有技术的项目

　　C. 只有少量潜在投标人可供选择的项目

　　D. 需要向原中标人采购工程，否则将影响施工或者功能配套要求的

　　E. 已通过招标方式选定的特许经营项目投资人依法能够自行建设的

❸【多选】工程建设项目招标的组织形式有（　　）。

    A．自行组织招标

    B．公开招标

    C．委托工程招标代理机构招标

    D．邀请招标

    E．上级主管部门组织招标

二、答案与解析

❶【答案】 ADE

【解析】本题考查的是施工招标方式和程序。材料采购的单项合同估算价为人民币200万以上时才必须进行招标。

❷【答案】 BDE

【解析】本题考查的是施工招标方式和程序。可以不进行建设项目：①涉及国家安全、秘密或者抢险救灾而不适宜招标的；②属于利用扶贫资金实行以工代赈、需要使用农民工的；③需要采用不可替代专利或者有技术的；④采购人依法能够自行建设、生产或者提供；⑤已通过招标方式选定的特许经营项目投资人依法能够自行建设、生产或者提供；⑥需要向原中标人采购工程、货物或者服务，否则将影响施工或者功能配套求；⑦法律、行政法规规定的其他情形。

❸【答案】 AC

【解析】本题考查的是施工招标方式和程序。招标只有自行招标和委托招标两种形式。

第二节　施工招投标文件组成

6.2.1　施工招标文件的组成

1. 概述

组成文件	招标人澄清修改	投标人有异议
资格预审文件	截止时间至少3日前，书面通知获取人	截止时间2日前提出
招标文件	截止时间至少15日前，书面通知获取人	截止时间10日前提出
补充	不足3日或15日的，顺延截止时间	招标人3日内答复异议，答复前暂停招投标活动

2. 施工招标文件的内容

施工招标文件的内容
（1）招标公告（或投标邀请书）

続表

施工招标文件的内容			
（2）投标人须知 （记忆：投标人须知含在招标文件中）	①总则	基本说明和规定	
	②招标文件	招标文件的构成以及澄清和修改的规定	
	③投标文件	投标文件的组成和格式要求，投标有效期和投标保证金的规定，是否允许提交备选投标方案等说明	
	④投标	投标准备时间自招标文件开始发出之日起至投标人提交投标文件截止之日止，最短不得少于20日	
	⑤开标	开标的时间、地点和程序	
	⑥评标	评标委员会的组建方法，评标原则和采取的评标办法（不包括评标委员会名单）	
	⑦合同授予	拟采用的定标方式，中标通知书的发出时间，要求承包人提交的履约担保和合同的签订时限	
	⑧重新招标或不再招标条件		
	⑨纪律和监督要求		
	⑩需要补充的其他内容		
（3）评标办法	可选择经评审的最低投标价法和综合评估法		
（4）合同条款及格式	拟采用的通用合同条款、专用合同条款以及各种合同附件的格式		
（5）工程量清单	按规定应编制最高投标限价的，应在招标时一并公布		
（6）图纸			
（7）技术标准与要求	①符合国家强制性规定； ②不得要求或标明某一特定的专利、商标、名称、设计、原产地或生产供应者，不得含有倾向或者排斥潜在投标人的其他内容； ③如果必须引用某一生产供应商的技术标准，则应当在参照后面加上"或相当于"的字样		
（8）投标文件格式			
（9）规定的其他材料	如需其他材料，应在"投标人须知前附表"中予以规定		

关于投标保证金的说明
①不得超过招标项目估算价的2%，且最高不得超过八十万元人民币
②有效期应当与投标有效期一致
③依法必须进行招标的项目的境内投标单位，以现金或者支票形式提交的投标保证金应当从其基本账户转出
④招标人不得挪用投标保证金
⑤投标人不按要求提交投标保证金的，其投标文件作废标处理

关于投标有效期的说明		
从投标人提交投标文件截止之日起计算		
投标有效期内，投标人不得要求撤销或修改其投标文件		
延长	招标人以书面形式通知所有投标人延长投标有效期	
	同意	相应延长，但不得要求或被允许修改或撤销其投标文件
	拒绝	其投标失效，但投标人有权收回其投标保证金

☑ 习题及答案解析

一、习题

❶ 【单选】关于投标有效期，下列描述正确的是（   ）。

    A. 若投标人在规定的投标有效期内撤销或修改其投标文件，投标保证金将不予返还

    B. 投标人同意延长投标有效期的，应相应延长其投标保证金的有效期，但由此引起的费用增加由招标人承担

    C. 投标人拒绝延长投标有效期的，其投标失效，同时投标人无权收回其投标保证金

    D. 投标保证金有效期应当超出投标有效期30天

❷ 【单选】根据《标准施工招标文件》（2007年版），进行了资格预审的施工招标文件应包括（   ）。

    A. 招标公告   B. 投标资格条件

    C. 评标委员会名单   D. 投标邀请书

❸ 【多选】关于施工招标文件，下列说法中正确的有（   ）。

    A. 自招标文件开始发出之日起至投标截止之日最短不得少于15天

    B. 当进行资格预审时，招标文件中应包括投标邀请书

    C. 招标文件应包括拟签合同的主要条款

    D. 招标文件不得说明评标委员会的组建方法

    E. 招标文件应明确评标方法

❹ 【多选】招标文件应包括的内容有（   ）

    A. 施工组织设计   B. 投标人须知

    C. 投标文件格式   D. 工程量清单（未标价）

    E. 已标价工程量清单

二、答案与解析

❶ 【答案】A

    【解析】本题考查的是施工招投标文件组成。投标保证金有效期应当与投标有效期一致。

❷【答案】D

【解析】本题考查的是施工招投标文件组成。招标文件中应包括投标邀请书，该邀请书可代替资格预审通过通知书。

❸【答案】BCE

【解析】本题考查的是施工招投标文件组成。自招标文件开始发出之日起至投标截止之日最短不得少于20日。

❹【答案】BCD

【解析】本题考查的是施工招投标文件组成。施工组织设计、已标价工程量清单属于招标文件的内容。

6.2.2　施工投标文件的组成

1.　概述

投标人	①应当在投标文件的截止时间前，将投标文件送达投标地点； ②不得以他人名义投标或者以其他方式弄虚作假，骗取中标； ③不得相互串通投标报价，不得排挤其他投标人的公平竞争，损害招标人或者其他投标人的合法权益； ④不得与招标人串通投标，损害国家利益、社会公共利益或者他人的合法权益； ⑤禁止投标人以向招标人或者评标委员会成员行贿的手段谋取中标	
招标人	收到投标文件后，应当如实记载投标文件的送达时间和密封情况，并存档备查，开标前不得开启	
	有权拒收投标文件的情况	①投标人不符合国家或者招标文件规定的资格条件的
		②投标人有串通投标、弄虚作假、行贿等违法行为的
		③投标联合体没有提交联合体协议书的
		④同一投标人提交两个以上不同的投标文件或者投标报价的（招标文件要求提交备选投标的除外）
		⑤投标文件没有对招标文件的实质性要求和条件做出响应 【实质性内容】价格、质量、安全、环保、工期、人员
		⑥投标文件未经投标单位盖章和单位负责人签字的
		⑦投标人不符合国家或者招标文件规定的资格条件的
		⑧投标报价低于成本或者高于最高投标限价的
		⑨未通过资格预审的申请人提交的投标文件，以及逾期送达或者不密封的投标文件

需书面通知的情况	①投标人在招标文件要求提交投标文件的截止时间前，可以补充、修改或者撤回已提交的投标文件，并书面通知招标人。补充、修改的内容为投标文件组成部分。投标截止后投标人撤销投标文件的，招标人可以不退还投标保证金
	②投标文件中有含义不明确的内容、明显文字或者计算错误，评标委员会认为需要投标人作出必要澄清、说明的，应当书面通知该投标人
	③投标人的澄清、说明应当采用书面形式，并不得超出投标文件的范围或者改变投标文件的实质性内容

2. 投标文件的组成

投标文件的组成	
①投标函及投标函附录	
②法定代表人身份证明或附有法定代表人身份证明的授权委托书	
③联合体协议书	a. 联合体各方应签订联合体协议书，指定牵头人，并应当向招标人提交由所有联合体成员法定代表人签署的授权书
	b. 联合体各方签订共同投标协议后，不得再以自己名义单独投标，也不得组成新的联合体或参加其他联合体在同一项目中投标。如出现上述情况，相关投标均无效
	c. 招标人接受联合体投标并进行资格预审的，联合体应当在提交资格预审申请文件前组成。资格预审后联合体增减、更换成员的，其投标无效。（记忆：审后增减无效）
	d. 联合体各方均应当具备规定的相应资格条件。由同一专业的单位组成的联合体，按照资质等级较低的单位确定资质等级（记忆：联合资质就低）
	e. 联合体投标的，应当以联合体各方或者联合体中牵头人的名义提交投标保证金。以联合体中牵头人名义提交的投标保证金，对联合体各成员具有约束力
④投标保证金	
⑤已标价工程量清单	
⑥施工组织设计	
⑦项目管理机构	
⑧拟分包项目情况表	
⑨资格审查资料	
⑩规定的其他材料	

☑ 习题及答案解析

一、习题

❶【多选】关于**投标文件的编制与递交**，下列说法中正确的有（　　）。

　A. 投标保证金不应作为其投标文件的组成部分

　B. 逾期送达或者不按照招标文件要求密封的投标文件，招标人应当拒收

C. 在要求提交投标文件的截止时间后送达的投标文件为无效的投标文件

D. 由同一专业的单位组成的联合体，按其中较高资质确定联合体资质等级

E. 境内投标人以现金形式提交的投标保证金应当出自投标人的基本账户

❷【多选】投标文件应包括的内容有（　　）。

A. 施工组织设计
B. 投标人须知
C. 项目管理机构
D. 联合体协议书（允许采用联合体投标）
E. 已标价工程量清单

二、答案与解析

❶【答案】BCE

【解析】本题考查的是施工招投标文件的组成。投标保证金应作为其投标文件的组成部分。由同一专业的单位组成的联合体，按其中较低资质确定联合体资质等级。

❷【答案】ACDE

【解析】本题考查的是施工招投标文件的组成。投标人须知属于招标文件的内容。

第三节　施工合同示范文本

6.3.1　《建设工程施工合同（示范文本）》概述

组成	①合同协议书
	②通用合同条款
	③专用合同条款
性质	非强制性使用文本
适用范围	房屋建筑工程、土木工程、线路管道和设备安装工程、装修工程等建设工程的施工发承包活动
优先顺序	通用合同条款规定，组成合同的各项文件应互相解释，互为说明。 除专用合同条款另有约定外，解释合同文件的优先顺序如下： ①合同协议书 ②中标通知书（如果有） ③投标函及其附录（如果有） ④专用合同条款及其附件 ⑤通用合同条款 ⑥技术标准和要求 ⑦图纸 ⑧已标价工程量清单或预算书 ⑨其他合同文件　　　（记忆：记顺序，后形成的更优先）

☑ 习题及答案解析

❶ 【单选】根据合同通用条款规定的文件解释优先顺序，下列文件中具有最优先解释权的是（　　）。

A. 规范标准　　　　B. 合同协议书　　　C. 中标通知书　　　D. 设计文件

❷ 【多选】根据《建设工程施工合同（示范文本）》GF–2017–0201，合同示范文本由（　　）组成。

A. 通用合同条款　　B. 合同协议书　　C. 标准和技术规范　　D. 专用合同条款

E. 中标通知书

二、答案与解析

❶ 【答案】B

【解析】本题考查的是施工合同示范文本。合同协议书优先解释合同文件。

❷ 【答案】ABD

【解析】本题考查的是施工合同示范文本。施工合同示范文本包括：①协议书；②通用条款；③专用条款。

6.3.2　《建设工程施工合同（示范文本）》的主要特点

《建设工程施工合同（示范文本）》GF-2017-0201是在《建设工程施工合同（示范文本）》GF-2013-0201的基础上，根据《建设工程质量保证金管理办法》（建质[2017]138号）修订形成的，除修订了缺陷责任期、工程质量保证金的相关条款外，内容基本无变化。与《建设工程施工合同（示范文本）》GF-1999-0201相比，特点如下：

《建设工程施工合同（示范文本）》的主要特点
①合同体系更加完善，更好地满足了工程实践的需要
②合同管理制度更加丰富，有利于引导建筑市场健康有序发展
③注重对发承包双方市场行为的引导和规范，进一步合理平衡双方的权利和义务
④更好地与现行法规和其他文本衔接，保证了合同的适用性

6.3.3　《建设工程施工合同（示范文本）》的主要内容

1. 词语定义与解释

签约合同价	是指发包人和承包人在合同协议书中确定的总金额，包括安全文明施工费、暂估价及暂列金额等
合同价格	是指发包人用于支付承包人按照合同约定完成承包范围内全部工作的金额，包括合同履行过程中按合同约定发生的价格变化

费用	是指为履行合同所发生的或将要发生的所有必需的开支，包括管理费和应分摊的其他费用，但不包括利润
暂估价	是指发包人在工程量清单或预算书中提供的用于支付必然发生但暂时不能确定价格的材料、工程设备的单价、专业工程以及服务工作的金额
暂列金额	是指发包人在工程量清单或预算书中暂定并包括在合同价格中的一笔款项，用于工程合同签订时尚未确定或者不可预见的所需材料、工程设备、服务的采购，施工中可能发生的工程变更、合同约定调整因素出现时的合同价格调整以及发生的索赔、现场签证确认等的费用
计日工	是指合同履行过程中，承包人完成发包人提出的零星工作或需要采用计日工计价的变更工作时，按合同中约定的单价计价的一种方式
质量保证金	是指按照合同约定，承包人用于保证其在缺陷责任期内履行缺陷修补义务的担保

2. 资金来源证明及支付担保

承包人	发包人
要求发包人提供资金来源证明	收到书面通知后28天内提供
提供履约担保	要求承包人提供履约担保，需提供支付担保 具体方式在专用合同条款中约定

3. 履约担保

导致工期延长的原因	继续提供履约担保所增加的费用承担方
承包人原因	承包人
非承包人原因	发包人

4. 安全文明施工费

发包人	费用支付方
	不得以任何形式扣减该部分费用
	开工后28天内预付安全文明施工费总额的50%，其余部分与进度款同期支付
	发包人逾期未支付超过7天，承包人有权向发包人发出要求预付的催告通知； 发包人收到通知后7天内仍未支付的，承包人有权暂停施工，并按合同中"发包人违约的情形"执行
	因基准日期后合同所适用的法律或政府有关规定发生变化，增加的费用由发包人承担
	承包人经发包人同意采取合同约定以外的安全措施所产生的费用由发包人承担
	未经发包人同意但该措施避免了发包人的损失，则发包人在避免损失的额度内承担该措施费
承包人	专款专用，在财务账目中单独列项备查
	不得挪作他用，否则发包人有权责令其限期改正； 逾期未改正的，可以责令其暂停施工，由此增加的费用和（或）延误的工期由承包人承担
	未经发包人同意，避免了承包人损失的，由此增加的费用由承包人承担

一、习题

❶ 【单选】根据《建设工程施工合同（示范文本）》，下列选项正确的有（   ）。

A. 费用指为履行合同所发生的或将要发生的所有必需的开支，也包括利润

B. 签约合同价包括安全文明施工费，包括暂估价及暂列金额

C. 承包人经发包人同意采取合同约定以外的安全措施所产生的费用，由承包人承担

D. 质量保证金是指按照合同约定承包人用于保证其在保修期内履行缺陷修补义务的担保

❷ 【单选】根据《建设工程施工合同（示范文本）》，关于安全文明施工费，下列说法错误的是（   ）。

A. 发包人应在开工后28天内预付安全文明施工费总额的50%，其余部分与进度款同期支付

B. 承包人对安全文明施工费应专款专用，不得挪作他用

C. 安全文明施工费由发包人承担，发包人不得以任何形式扣减该部分费用

D. 发包人逾期支付安全文明施工费超过14天的，承包人有权向发包人发出要求预付的催告通知

二、答案与解析

❶ 【答案】B

【解析】本题考查的是施工合同示范文本。承包人经发包人同意采取合同约定以外的安全措施所产生的费用，由发包人承担。

❷ 【答案】D

【解析】本题考查的是施工合同示范文本。发包人逾期支付安全文明施工费超过7天的，承包人有权向发包人发出要求预付的催告通知。

5. 工期延误

发包人原因	①未按合同约定提供图纸或所提供图纸不符合合同约定的
	②未按合同约定提供施工现场、施工条件、基础资料、许可、批准等开工条件的
	③提供的测量基准点、基准线和水准点及其书面资料存在错误或疏漏的
	④未在计划开工日期之日起7天内同意下达开工通知的；因发包人原因未按计划开工日期开工的，发包人应按实际开工日期顺延竣工日期，确保实际工期不低于合同约定的工期总日历天数

发包人原因	⑤未按合同约定日期支付工程预付款、进度款或竣工结算款的
	⑥监理人未按合同约定发出指示、批准等文件的
	⑦专用合同条款中约定的其他情形
	因以上情况导致的工期延误和（或）增加的费用由发包人承担，且发包人应支付承包人合理的利润
承包人原因	在专用合同条款中约定逾期竣工违约金的计算方法和逾期竣工违约金的上限
	支付逾期竣工违约金后，不免除承包人继续完成工程及修补缺陷的义务

6. 不利物质条件

概念	指承包人在施工现场遇到的不可预见的自然物质条件、非自然的物质障碍和污染物，包括地表以下物质条件和水文条件，以及专用合同条款约定的其他情形，但不包括气候条件
处理	应采取合理措施继续施工，并及时通知发包人和监理人。监理人经发包人同意后应当及时发出指示。指示构成变更的，按合同中"变更"的约定执行
责任	承包人因采取合理措施而增加的费用和（或）延误的工期由发包人承担

7. 暂停施工

监理人	可发出暂停施工指示	
承包人	监理人56天内未发出复工通知	承包人可向发包人提交书面通知（停工属于承包人原因及不可抗力约定情形除外）
		暂停施工期间，负责妥善照管工程并提供安全保障，增加的费用由责任方承担
发包人	收到书面通知后28天内	准许已暂停施工的部分或全部工程继续施工
承包人	逾期不予批准	通知发包人，将工程受影响的部分视为合同约定的变更范围中的可取消工作
		暂停施工持续84天以上不复工的，且不属于承包人原因引起的暂停施工及不可抗力约定的情形，并影响到整个工程以及合同目的实现的，承包人有权提出价格调整要求，或者解除合同
		解除合同的，按照因发包人违约解除合同执行

8. 提前竣工

提前竣工	①发包人通过监理人向承包人下达提前竣工指示
	②承包人向发包人和监理人提交提前竣工建议书
	③发包人接受的，监理人应与发包人和承包人协商采取加快工程进度的措施，并修订施工进度计划，由此增加的费用由发包人承担

| 提前竣工 | ④承包人认为提前竣工指示无法执行的，应向监理人和发包人提出书面异议，发包人和监理人应在收到异议后7天内予以答复 |

（注意：任何情况下，发包人不得压缩合理工期。）

9. 材料与工程设备的保管与使用

发包人供应	承包人清点后由承包人妥善保管，保管费用由发包人承担。因承包人原因发生丢失毁损的，由承包人负责赔偿
	监理人未通知承包人清点的，承包人不负责保管，由此导致丢失毁损的由发包人负责
	使用前，由承包人负责检验，检验费用由发包人承担，不合格的不得使用
承包人采购	由承包人妥善保管，保管费用由承包人承担
	使用前按监理人的要求进行检验或试验，费用由承包人承担，不合格的不得使用
	发包人或监理人发现承包人使用不符合设计或有关标准要求的材料和工程设备时，有权要求承包人进行修复、拆除或重新采购，由此增加的费用和（或）延误的工期，由承包人承担

（原则：谁采购谁负责保管费和检验费；保管行为和检验行为都由承包商负责）

☑ 习题及答案解析

一、习题

【多选】根据《建设工程施工合同（示范文本）》，下列选项正确的有（　　）。

A. 不利物质条件包括气候条件

B. 任何情况下，发包人不得压缩合理工期

C. 暂停施工期间，承包人应负责妥善照管工程并提供安全保障，由此增加的费用由发包方承担

D. 发包人供应的材料和工程设备使用前，由承包人负责检验，检验费用由发包人承担

E. 发包人供应的材料和工程设备，承包人清点后由承包人妥善保管，保管费用由承包人承担

二、答案与解析

【答案】BD

【解析】本题考查的是施工合同示范文本。暂停施工期间，承包人应负责妥善照管工程并提供安全保障，由此增加的费用由责任方承担。

10. 变更

（1）变更程序

提出/建议方	程序
发包人	通过监理人向承包人发出变更指示（说明计划变更的工程范围和变更的内容）
监理人	向发包人以书面形式提出变更计划
承包人	收到监理人下达的变更指示后，认为不能执行，应立即提出理由
	认为可以执行的，书面说明实施该变更指示对合同价格和工期的影响。且合同当事人应当按照合同约定确定变更估价

（2）变更估价的原则

适用情况	估价原则
已标价工程量清单或预算书有相同项目	按照相同项目单价认定
已标价工程量清单或预算书中无相同项目，但有类似项目	参照类似项目单价认定
变更导致实际完成的变更工程量与已标价工程量清单或预算书中列明的该项目工程量的变化幅度超过15%	按照合理的成本与利润构成的原则，由合同当事人按照合同约定的商定和确定制度确定变更工作的单价
已标价工程量清单或预算书中无相同及类似项目	

（3）承包人的合理化建议

参与方	做法		
承包人	向监理人提交合理化建议说明（建议的内容和理由，以及实施该建议对合同价格和工期的影响）		
监理人	①收到后7天内审查完毕并报送发包人； ②发现其中存在技术上的缺陷，通知承包人修改		
发包人	收到后7天内审批完毕		
	①同意	监理人应及时发出变更指示； 由此引起的合同价格调整按照合同的"变更估价"约定执行
	②不同意	监理人应书面通知承包人

11. 价格调整

（1）市场价格波动引起的调整

调整方式	计算方法	
1）采用价格指数进行调整（记忆：材料品种少，用量大时使用）	$$\Delta P = P_0 \left[A + \left(B_1 \times \frac{F_{t1}}{F_{01}} + B_2 \times \frac{F_{t2}}{F_{02}} + B_3 \times \frac{F_{t3}}{F_{03}} + \cdots + B_n \times \frac{F_{tn}}{F_{0n}} \right) - 1 \right]$$ ΔP——需调整的价格差额； P_0——约定的付款证书中承包人应得到的已完成工程量的金额；此项金额应不包括价格调整、不计质量保证金的扣留和支付、预付款的支付和扣回；约定的变更及其他金额已按现行价格计价的，也不计在内； A——定值权重（即不调部分的权重）； B_1，B_2，B_3，$\cdots$，B_n——各可调因子的变值权重（即可调部分的权重），为各可调因子在签约合同价中所占的比例； F_{t1}，F_{t2}，F_{t3}，$\cdots$，F_{tn}——各可调因子的现行价格指数，指约定的付款证书相关周期最后一天的前42天的各可调因子的价格指数； F_{01}，F_{02}，F_{03}，$\cdots$，F_{0n}——各可调因子的基本价格指数，指基准日的各可调因子的价格指数。 以上价格调整公式中的各可调因子、定值和变值权重，以及基本价格指数及其来源在投标函附录价格指数和权重表中约定，非招标订立的合同，由合同当事人在专用合同条款中约定	
	权重的调整	因变更导致合同约定的权重不合理时，按照合同中"商定或确定"执行
	价格指数确定	①首先采用工程造价管理机构发布的价格指数，无前述价格指数时，可采用工程造价管理机构发布的价格代替
		②无现行价格指数的，合同当事人可同意暂用前次价格指数计算。实际价格指数有调整的，合同当事人可进行相应调整
		③因承包人原因未按期竣工的，对合同约定的竣工日期后继续施工的工程，应采用计划竣工日期与实际竣工日期的两个价格指数中较低的一个作为现行价格指数
2）采用造价信息调整（记忆：材料品种多，用量小时使用）	人工、机械单价发生变化，按造价管理机构发布的调整	
	材料、工程设备价格变化的价款调整按照发包人提供的基准价格（在招标文件或专用合同条款中给定，原则上按照省级或行业建设主管部门或其授权的工程造价管理机构发布的信息价编制），按以下风险范围规定执行： ①承包人报价中材料单价低于基准价格的，材料单价涨幅以基准价格为基础超过5%时，或单价跌幅以投标单价为基础超过5%时，其超过部分据实调整； ②承包人报价中材料单价高于基准价格，材料单价跌幅以基准价格为基础超过5%时，或材料单价涨幅以投标材料单价为基础超过5%时，其超过部分据实调整； ③承包人报价中材料单价等于基准价格，材料单价涨幅以基准价格为基础超过5%时，其超过部分据实调整； ④承包人应在采购材料前将采购数量和新的材料单价报发包人核对，发包人应予以确认，收到确认资料后5天内不予答复的视为认可，作为调整合同价格的依据；	

调整方式	计算方法
2）采用造价信息调整（记忆：材料品种多，用量小时使用）	⑤承包人未报发包人同意自行采购材料，发包人有权不予调整合同价格（总结：按少调价原则。涨以高价为基础，跌以低价为基础） 实际结算单价＝投标报价±调整额

3）专用合同条款约定的其他方式

（2）法律变化引起的调整（基准日期后）

非承包人原因	费用增加	发包人承担
	费用减少	从合同价格中扣减
	工期延误	工期顺延
承包人原因	费用增加和工期延误	承包人承担
合同当事人无法达成一致	由总监理工程师按商定或确定的约定处理	

☑ 习题及答案解析

一、习题

❶【单选】某施工合同约定采用价格指数及价格调整公式调整价格差额，调价因素及有关数据见下表。某月完成进度款为1500万元，则该月应当支付给承包人的价格调整金额为（　　）万元。

	人工	钢材	水泥	砂石料	施工机具使用费	定值
权重系数	0.10	0.10	0.15	0.15	0.20	0.30
基准日价格或指数	80元/日	100	110	120	115	—
现行价格或指数	90元/日	102	120	110	120	—

　　A．36.45　　　　　　B．−30.3　　　　　　C．112.5　　　　　　D．130.5

❷【单选】由于承包人原因导致工期延误的，对于计划进度日期后续施工的工程，在使用价格调整公式时，现行价格指数应采用（　　）。

　　A．计划进度日期的价格指数　　　　　B．实际进度日期的价格指数

　　C．A 和 B 中较高者　　　　　　　　D．A 和 B 中较低者

❸【单选】某建筑工程钢筋综合用量1000t。施工合同中约定，结算时对钢筋综合价格涨幅±5%以上部分依据造价处发布的基准价调整价格差额。承包人投标报价2400元/t，投标期、施工期造价管理机构发布的钢筋综合基准价格分别为2500元/t、2800元/t，则需调

增钢筋材料费用为（　　）万元。

A．28.0　　　　　　　B．17.5　　　　　　　C．30.0　　　　　　　D．40.0

❶【答案】A

【解析】本题考查的是价格调整。价格调整金额＝1500×[0.3+（0.1×90/80+0.1×102/100+0.15×120/110+0.2×120/115）–1]＝36.45（万元）

❷【答案】D

【解析】本题考查的是价格调整。因承包人原因未按期竣工的，对合同约定的竣工日期后继续施工的工程，在使用价格调整公式时，应采用计划竣工日期与实际竣工日期的两个价格指数中较低的一个作为现行价格指数。

❸【答案】B

【解析】本题考查的是价格调整。需调增钢筋材料费用＝（2800−2500×1.05）×1000＝175000元＝17.5万元。

12. 合同价格、计量与支付

（1）合同价格形式

单价合同	指约定以工程量清单及其综合单价进行合同价格计算、调整和确认的合同	合同当事人应在专用合同条款中约定综合单价/总价包含的风险范围和风险费用的计算方法；并约定风险范围以外的合同价格的调整方法
总价合同	指约定以施工图、已标价工程量清单或预算书及有关条件进行合同价格计算、调整和确认的合同，约定的范围内合同总价不做调整	
其他价格形式	合同当事人可在专用合同条款中约定其他合同价格形式	

（2）预付款

支付	①由专用合同条款约定； ②至迟应在开工通知载明的开工日期7天前支付； ③逾期支付超过7天的，承包人有权向发包人发出要求预付的催告通知； ④发包人收到通知后7天内仍未支付的，承包人有权暂停施工，并按合同中"发包人违约的情形"执行
用途	用于材料、工程设备、施工设备的采购及修建临时工程、组织施工队伍进场等
扣回	①在进度付款中同比例扣回； ②在颁发工程接收证书前，提前解除合同的，尚未扣完的预付款应与合同价款一并结算

预付款担保	①提供时间	发包人支付预付款7天前
	②主要形式	银行保函、担保公司担保（专用条款约定）
	③金额	与预付款等值，预付款逐月从工程进度款中扣除，预付款担保的金额也应逐渐减少
	④有效期	预付款全部扣回之前一直有效

（3）计量

计量原则	按照专用合同条款中约定工程量计算规则、图纸及变更指示等进行计量	
计量周期	按月进行	
计量方式	单价合同	①承包人每月25日向监理人报送上月20日至当月19日已完成的工程量报告
		②监理人收到后7天内完成审核并报送发包人确定。否则按照承包人报送工程量计算工程价款
		③监理人对工程量有异议可要求承包人进行共同复核或抽样复测
		④承包人应进行协助并按监理人要求提供补充计量资料。否则监理人复核或修正的工程量视为承包人实际完成的工程量
	总价合同	同单价合同。采用支付分解表计量支付的，计量按照合同中"总价合同的计量"约定，价款按照支付分解表进行支付
	其他价格形式的合同可在专用合同条款中约定	

（4）工程进度款支付

付款周期	同计量周期
申请单内容	①截至本次付款周期已完成工作对应的金额； ②"变更"应增加和扣减的变更金额； ③"预付款"约定应支付的预付款和扣减的返还预付款； ④"质量保证金"约定应扣减的质量保证金； ⑤"索赔"应增加和扣减的索赔金额； ⑥对已签发的进度款支付证书中出现错误的修正，应在本次进度付款中支付或扣除的金额； ⑦根据合同约定应增加和扣减的其他金额
审核和支付	监理人收到承包人申请或修正申请后的7天内完成审查并报送发包人
	发包人收到申请后7天内完成审批并签发进度款支付证书，逾期视为已签发。并于签发后14天内完成支付，逾期支付的应按照中国人民银行发布的同期同类贷款基准利率支付违约金
	发包人和监理人有异议的，有权要求承包人修正和提供补充资料，承包人应提交修正后的进度付款申请单
	存在争议的部分，按照合同中"争议解决"的约定处理

13. 竣工结算

申请	承包人在工程竣工验收合格28天内向发包人和监理人提交竣工结算申请单和完整的结算资料
审核	监理人收到后14天内完成核查并报送发包人
	发包人收到后14天内完成审批，并由监理人向承包人签发经发包人签认的竣工付款证书。自承包人提交后28天内未完成审批且未提出异议的，视为认可并自第29天起视为已签发竣工付款证书
	承包人对证书有异议的，在收到后7天内提出异议，逾期视为认可
	对于无异议部分，发包人应签发临时竣工付款证书
支付	发包人应在签发后14天内，完成竣工付款。 逾期支付的，按照中国人民银行发布的同期同类贷款基准利率支付违约金；逾期支付超过56天的，按照以上利率的两倍支付违约金

14. 缺陷责任与保修

（1）缺陷责任期

期限	从工程通过竣工验收之日起算，但最长不超过24个月	
起算时间	一般情况	工程通过竣工验收之日
	单位工程先于全部工程验收合格并交付使用时	单位工程验收合格之日
	承包人原因导致无法按时竣工验收时	实际通过竣工验收之日
	发包人原因导致无法按时竣工验收时	承包人提交竣工验收报告90天后，自动进入缺陷责任期间
	发包人未经竣工验收擅自使用工程时	工程转移占有之日
缺陷责任期内的责任分担	承包人原因	承包人负责维修，并承担鉴定及维修费用。并且不免除对工程的损失赔偿责任
		不维修也不承担费用的，从保证金或银行保函中扣除。费用超出保证金额的，发包人可按合同索赔
		发包人有权要求承包人延长缺陷责任期，并在原期限届满前发出延长通知。但总期限不能超过24个月（含延长部分）
	他人原因	发包人负责组织维修，承包人不承担费用，且发包人不得从保证金中扣除费用
缺陷责任期届满	任何一项缺陷或损坏修复后，经检查证明其影响了工程或工程设备的使用性能，承包人应重新进行合同约定的试验和试运行，试验和试运行的全部费用应由责任方承担	
	承包人应于届满后7天内向发包人发出缺陷责任期届满通知	
	发包人应在收到通知14天内核实承包人是否履行缺陷修复义务并向承包人颁发缺陷责任期终止证书。经核实未能履行的，发包人有权扣除相应金额的维修费用	

（2）质量保证金

条件	承包人已经提供履约担保的，发包人不得同时预留工程质量保证金（只能用1种担保）
提供方式	①质量保证金保函（除专用合同条款约定外，原则上采用此方式）； ②相应比例的工程款； ③双方约定的其他方式

扣留	方式	①支付工程进度款时逐次扣留，在此情形下，质量保证金的计算基数不包括预付款的支付、扣回以及价格调整的金额（除专用合同条款约定外，原则上采用此方式）； ②竣工结算时一次性扣留； ③双方约定的其他方式
	金额	累计扣留不得超过工程价款结算总额的3%
		如承包人在发包人签发竣工付款证书后28天内提交质量保证金保函（金额不得超过工程价款结算总额的3%），发包人应同时退还扣留的作为质量保证金的工程价款，同时按照中国人民银行发布的同期同类贷款基准利率支付利息

返还	缺陷责任期到期后，承包人可向发包人申请返还保证金
	发包人接到申请后14天内会同承包人按照合同进行核实。逾期不予答复，经催告后14天内仍不予答复视同认可
	无异议后按约定或核实后14天内进行返还。逾期未返还的，依法承担违约责任

15. 不可抗力

不可抗力导致的人员伤亡、财产损失、费用增加和（或）工期延误等后果，由合同当事人按以下原则承担：

（原则：承包商承担自己的责任，其他均为发包人承担，工期顺延）

发包人承担	①永久工程、已运至施工现场的材料和工程设备的损坏，以及因工程损坏造成的第三人人员伤亡和财产损失； ②因不可抗力引起或将引起工期延误，发包人要求赶工的； ③承包人在停工期间按照发包人要求照管、清理和修复工程的费用； ④停工期间必须支付的工人工资
承包人承担	承包人施工设备的损坏
各自承担	①各自人员伤亡和财产的损失； ②不可抗力发生后，任何一方当事人没有采取有效措施导致损失扩大的
合理分担	因不可抗力引起或将引起工期延误的，顺延工期，由此导致承包人停工的费用损失

说明：因合同一方延迟履行合同义务，期间遭遇不可抗力的，不免除其违约责任。因不可抗力导致合同无法履行连续超过84天或累计超过140天的，发包人和承包人均有权解除合同。

16. 索赔

（1）承包人的索赔及对承包人索赔的处理

索赔主体	承包人
索赔内容	追加付款和（或）延长工期
索赔程序	①承包人应于索赔事件发生后28天内，向监理人递交索赔意向通知书；并于递交后28天内，向监理人递交索赔报告
	②索赔事件具有持续影响的，承包人应按合理时间间隔继续递交延续索赔通知，并在索赔事件影响结束后28天内，递交最终索赔报告
	③监理人应在收到索赔报告后14天内完成审查并报送发包人。监理人有异议的，有权要求承包人提交全部原始记录副本
	④发包人应在监理人收到索赔报告后的28天内，由监理人向承包人出具经发包人签认的索赔处理结果。逾期视为认可
	⑤承包人接受索赔处理结果的，索赔款项应在当期进度款中进行支付；承包人不接受索赔处理结果的，应按照合同中的"争议解决"约定处理

（2）发包人的索赔及对发包人索赔的处理

索赔主体	发包人
索赔内容	赔付金额和（或）延长缺陷责任期
索赔程序	①发包人应于索赔事件发生后28天内通过监理人向承包人提出索赔意向通知书，并于发出后28天内递交索赔报告
	②承包人应在收到后28天内，将索赔处理结果答复发包人，逾期视为认可
	③承包人接受处理结果的，发包人可从应支付给承包人的合同价款中扣除赔付的金额或延长缺陷责任期；发包人不接受的，按合同中的"争议解决"约定处理

（3）提出索赔的期限

①承包人接收竣工付款证书后，应被视为已无权再提出工程接收证书颁发前所发生的任何索赔。

②承包人按合同中的"最终结清"提交的最终结清申请单中，只限于提出工程接收证书颁发后发生的索赔。

③提出索赔的期限自接受最终结清证书时终止。

☑ 习题及答案解析

一、习题

❶【单选】关于施工合同工程预付款，下列说法中正确的是（　　）。

A．承包人预付款的担保金额通常高于发包人的预付款

B. 预付款的支付按照专用合同条款约定执行，但最迟应在开工通知载明的开工日期 7 天前支付

C. 发包人要求承包人提供预付款担保的，承包人应在发包人支付预付款 14 天前提供预付款担保

D. 预付款的担保金额不会随着预付款的扣回而减少

❷【单选】下列在施工合同履行期间由不可抗力造成的损失中，应由承包人承担的是（   ）。

A. 因工程损害导致的第三方人员伤亡

B. 工程设备的损害

C. 因工程损害导致的承包人的人员伤亡

D. 应监理人要求承包人照管工程的费用

❸【单选】关于施工承包合同中缺陷责任与保修的说法，正确的是（   ）。

A. 由他人原因造成的缺陷，发包人负责组织维修，承包人不承担费用，且发包人不得从保证金中扣除费用

B. 缺陷责任期自实际竣工日期起计算，最长不超过12个月

C. 因发包人原因导致工程无法按合同约定期限进行竣工验收的，缺陷责任期自竣工验收合格之日开始计算

D. 发包人未经竣工验收擅自使用工程的，缺陷责任期自承包人提交竣工验收申请报告之日开始计算

❹【单选】关于建设项目竣工结清阶段承包人索赔的权利和期限，下列说法中正确的是（   ）。

A. 承包人提出索赔的期限自接受最终支付证书时终止

B. 承包人只能提出工程接收证书颁发前的索赔

C. 承包人提出索赔的期限自缺陷责任期满时终止

D. 承包人接受竣工结算支付证书后再无权提出任何索赔

❺【单选】按照索赔程序，承包人首先要完成的工作应当是（   ）。

A. 向发包人递交索赔报告

B. 向发包人发出书面索赔意向通知

C. 确定判定索赔成立的原则

D. 建立赔偿档案

二、答案与解析

❶【答案】B

【解析】承包人预付款的担保金额与发包人的预付款相等。发包人要求承包人提供预付款担保的，承包人应在发包人支付预付款 7 天前提供预付款担保。预付款的担保金额会随着预付款的扣回而减少。

❷ 【答案】C

【解析】因工程损害导致的第三方人员伤亡由发包人承担。工程设备的损害由发包人承担。应监理人要求承包人照管工程的费用由发包人承担。

❸ 【答案】A

【解析】缺陷责任期自通过竣工验收之日起计算，最长不超过24个月。因发包人原因导致工程无法按合同约定期限进行竣工验收的，承包人提交竣工验收报告90天后，工程自动进行缺陷责任期。发包人未经竣工验收擅自使用工程的，缺陷责任期自转移占有之日开始计算。

❹ 【答案】A

【解析】承包人提出索赔的期限自接受最终支付证书时终止。

❺ 【答案】B

【解析】本题考查的是施工合同示范文本。按照索赔程序，承包人首先要完成的工作应当是向发包人发出书面索赔意向通知。

第四节　工程量清单编制

6.4.1　工程量清单编制概述

工程量清单的构成

分类	招标工程量清单—招标文件	
	已标价工程量清单—投标文件	
组成部分	分部分项工程量清单、措施项目清单、其他项目清单、规费和增值税项目清单	
适用范围	必须采用	①全部使用国有资金（含国家融资资金）投资的工程建设项目； ②国有资金投资为主（国有资金占投资总额50%以上，或虽不足50%但固有投资者实质上拥有控股权的工程建设项目）	
		国有资金投资： ①使用各级财政预算资金； ②使用纳入财政管理的各种政府性专项建设资金； ③使用国有企事业单位自有资金，并且国有资产投资者实际拥有控制权	国家融资资金投资： ①使用国家发行债券所筹资金； ②使用国家对外借款或担保所筹资金； ③使用国家政策性贷款； ④国家授权投资主体融资； ⑤国家特许的融资
	宜采用	非国有资金投资的建设工程	

编制依据	①清单计价规范； ②国家或省级、行业建设主管部门颁发的计价依据和办法； ③建设工程设计文件及相关资料； ④与建设工程有关的标准、规范、技术资料； ⑤拟定的招标文件； ⑥施工现场情况、地勘水文资料、工程特点及常规施工方案； ⑦其他相关资料
编制要求	①招标人应负责编制招标工程量清单，不具有编制能力的可委托具有工程造价咨询资质的工程造价咨询企业编制。 ②招标人对招标工程量清单的准确性和完整性负责，投标人依据招标工程量清单进行投标报价。 ③招标人在编制工程量清单时必须做到五个统一，即统一项目编码、统一项目名称、统一计量单位、统一工程量计算规则以及统一的基本格式。 ④招标工程量清单与计价表中列明的所有需要填写单价和合价的项目，投标人均应填写且只允许有一个报价。未填写单价和合价的项目，视为此项费用已包含在已标价工程量清单中其他项目的单价和合价之中。当竣工结算时，此项目不得重新组价予以调整

☑ 习题及答案解析

一、习题

【单选】根据《建设工程工程量清单计价规范》GB 50500–2013，关于工程量清单计价的有关要求，下列说法中正确的是（ ）。

A. 事业单位自有资金投资的建设工程发承包，可以不采用工程量清单计价

B. 国有资金投资总额占 40% 以上的项目，必须采用工程量清单计价

C. 使用国有资金投资的建设工程发承包，必须采用工程量清单计价

D. 招标工程量清单的准确性和完整性由清单编制人负责

二、答案与解析

【答案】C

【解析】本题考查的是工程量清单编制。事业单位自有资金投资的建设工程发承包，必须采用工程量清单计价；国有资金投资总额占 50% 以上的项目，必须采用工程量清单计价；招标工程量清单的准确性和完整性由招标人负责。

6.4.2 分部分项工程量清单

<table>
<tr><td>概念</td><td colspan="2">分部分项工程是“分部工程”和“分项工程”的总称</td></tr>
<tr><td>性质</td><td colspan="2">闭口清单，未经允许投标人对清单内容不允许做任何更改</td></tr>
<tr><td>内容</td><td colspan="2">
<table>
<tr><td rowspan="2">序号</td><td rowspan="2">项目编码</td><td rowspan="2">项目名称</td><td rowspan="2">项目特征</td><td rowspan="2">计量单位</td><td rowspan="2">工程量</td><td colspan="3">金额（元）</td></tr>
<tr><td>综合单元</td><td>合价</td><td>其中：暂估价</td></tr>
</table>
必须载明项目编码、项目名称、项目特征、计量单位和工程量，上表中前六项由招标人填写，金额部分分别由招标人在编制最高投标限价时或投标人在编制投标报价时填列。</td></tr>
<tr><td>项目编码</td><td colspan="2">即分部分项工程项目和措施项目清单名称的阿拉伯数字标识，共五级十二位。
一级：专业工程代码，二位；
二级：附录分类顺序码，二位；
三级：分部工程顺序码，二位；
四级：分项工程项目名称顺序码，三位；
五级：工程量清单项目名称顺序码，分三位；
前四级全国统一，第五级应根据拟建工程的工程量清单项目名称设置，自001编制，不得有重码</td></tr>
<tr><td>项目名称</td><td colspan="2">以附录中名称为基础，结合拟建工程的实际情况编制。
编制工程量清单出现附录中未包括的项目，编制人应做补充。补充时应注意：
①编码由代码前二位+B+三位阿拉伯数字组成，并从BOO1开始编制，不得重码；
②附补充项目的项目名称、项目特征、计量单位、工程量计算规则和工作内容；
③将编制的补充项目报省级或行业工程造价管理机构备案</td></tr>
<tr><td rowspan="4">项目特征</td><td>作用</td><td>项目特征是构成分部分项工程项目、措施项目自身价值的本质特征。对项目的准确描述，是确定清单项目综合单价不可缺少的重要依据，区分清单项目的依据，履行合同义务的基础</td></tr>
<tr><td>确定</td><td>按各专业工程工程量计算规范附录中规定的项目特征内容，结合技术规范、标准图集、施工图纸，按照工程结构、使用材质及规格或安装位置等，予以准确和全面地表述和说明。（可采用标准图集号或施工图纸图号的方式进行描述）</td></tr>
<tr><td>要求</td><td>涉及正确计量、结构要求、材质要求、安装方式的内容必须描述</td></tr>
<tr><td colspan="2">工程内容：完成清单项目可能发生的具体工作和操作程序，编制清单时通常无需描述</td></tr>
<tr><td rowspan="2">计量单位</td><td>单位</td><td>①重量—吨或千克（t或kg）；
②体积—立方米（m^3）；
③面积—平方米（m^2）；
④长度—米（m）；
⑤自然计量单位—个、套、块、搓、组、台等</td></tr>
<tr><td>原则</td><td>①有两个或两个以上计量单位时，根据项目的特征要求选择最适宜表现该项目特征并方便计量的单位；
②一个建设项目（或标段、合同段）中，相同项目计量单位必须保持一致</td></tr>
</table>

计量单位	有效位数	①t—保留三位小数，第四位四舍五入； ② m³、m²、m、kg—保留两位小数，第三位四舍五入； ③个、件、组、系统等—取整数
工程数量	确定	①以工程设计图纸、施工组织设计或施工方案及有关技术经济文件为依据，按照各专业工程工程量计算规范的计算规则、计量单位等规定进行计算； ②以实体工程量为准，以完成后的净值计算；投标人报价时，应在单价中考虑施工中的各种损耗和需要增加的工程量
	专业分类	房屋建筑与装饰工程、仿古建筑工程、通用安装工程、市政工程、园林绿化工程、构筑物工程、矿山工程、城市轨道交通工程、爆破工程

☑ 习题及答案解析

一、习题

❶ 【单选】《建设工程工程量清单计价规范》GB 50500-2013规定，分部分项工程量清单项目编码的第三级为表示（   ）的顺序码。

A. 分项工程

B. 扩大分项工程

C. 专业工程

D. 分部工程

❷ 【单选】在工程量清单中，最能体现分部分项工程项目自身价值的本质的是（   ）。

A. 项目编码

B. 项目特征

C. 项目名称

D. 项目计量单位

❸ 【单选】关于工程量清单编制中的项目特征描述，下列说法中正确的是（   ）。

A. 应按计算规范附录中规定的项目特征，结合技术规范、标准图集加以描述

B. 措施项目无需描述项目特征

C. 对完成清单项目可能发生的具体工作和操作程序仍需加以描述

D. 图纸中已有的工程规格、型号、材质等可不描述

❹ 【多选】根据《建设工程工程量清单计价规范》GB 50500-2013，关于分部分项工程量清单的编制，下列说法正确的有（   ）。

A. 以立方米为计量单位时，其计算结果应保留三位小数

B. 以吨为计量单位时，其计算结果应保留三位小数

C. 以重量计算的项目，其计算单位应为吨或千克

D. 以千克为计量单位时，其计算结果应保留一位小数

E. 以"个""组"为单位的，应取整数

❺ 【单选】根据《建设工程量清单计价规范》GB 50500-2013，下列关于工程量清单项目

编码的说法中，正确的是（　　）。

　　A．第五级编码应根据拟建工程的工程量清单项目名称设置，不得重码

　　B．第三级编码为分部工程顺序码，由三位数字表示

　　C．同一标段含有多个单位工程，不同单位工程中项目特征相同的工程应采用相同编码

　　D．补充项目编码以"B"加上计算规范代码后跟三位数字表示，并应从001起顺序编制

⑥【单选】关于分部分项工程量清单编制的说法，正确的是（　　）。

　　A．在清单项目"工程内容"中包含的工作内容必须进行项目特征的描述

　　B．施工工程量大于按计算规则计算出的工程量的部分，由投标人在综合单价中考虑

　　C．计价规范中就某一清单项目给出两个及以上计量单位时应选择最方便计算的单位

　　D．同一标段的工程量清单中含有多个项目特征相同的单位工程时，可采用相同的项目编码

二、答案与解析

❶【答案】D

【解析】第三级为分部工程顺序码，01表示砖砌体。

❷【答案】B

【解析】项目特征是构成分部分项工程项目、措施项目自身价值的本质特征。

❸【答案】A

【解析】分部分项工程量清单的项目特征应按各专业工程工程量计算规范附录中规定的项目特征，结合技术规范、标准图集、施工图纸，按照工程结构、使用材质及规格或安装位置等，予以详细而准确的表述和说明。

❹【答案】BCE

【解析】选项 C、D 错误，以 m^3、m^2、m、kg 为计量单位时，其计算结果应保留两位小数。

❺【答案】A

【解析】选项B，第三级表示分部工程顺序码（分二位）；

选项C，当同一标段（或合同段）的一份工程量清单中含有多个单位工程且工程量清单是以单位工程为编制对象时，在编制工程量清单时应特别注意对项目编码十至十二位的设置不得有重码的规定；

选项D，补充项目的编码由计算规范的代码与B和三位阿拉伯数字组成。

❻【答案】B

【解析】在清单项目"工程内容"中包含的工作内容无须进行项目特征的描述。计价规范中就某一清单项目给出两个及以上计量单位时应选择最适宜表现项目特征的。同一标段的工程量清单中含有多个项目特征相同的单位工程时，不得采用相同的项目编码。

6.4.3 措施项目清单

列项			根据现行国家计算规范，结合拟建工程的实际情况列项； 计价规范中未列的项目可根据实际情况补充
类别	总价 措施	计价 方式	不能计算工程量，以"项"为计量单位进行编制，按照计算基础×费率计算： ①安全文明施工费计算基础可为"定额基价""定额人工费"或"定额人工费+定额施工机具使用费"； ②其他项目可为"定额人工费"或"定额人工费+定额施工机具使用费"； ③若无"计算基础"和"费率"的数值，也可只填"金额"并在备注栏说明施工方案出处或计算方法
		内容	安全文明施工费，夜间施工，非夜间施工照明，二次搬运，冬雨期施工，地上、地下设施和建筑物的临时保护设施，已完工程及设备保护等（记忆：安夜非二冬保）
	单价 措施	计价 方式	可采用分部分项方式编制，综合单价计价
		内容	脚手架，混凝土模板及支架（撑），垂直运输、超高施工增加，大型机械设备进出场及安拆，施工排水、降水等（记忆：脚模垂超大排降）
编制 依据			①施工现场情况、地勘水文资料、工程特点； ②常规施工方案； ③与建设工程有关的标准、规范、技术资料； ④拟定的招标文件； ⑤建设工程设计文件及相关资料

☑ 习题及答案解析

一、习题

❶【单选】根据《建设工程工程量清单计价规范》GB 50500–2013，一般不作为安全文明施工费计算基础的是（　　）。

　A. 定额人工费+定额材料费

　B. 定额人工费

　C. 定额人工费+定额施工机具使用费

　D. 定额人工费+定额材料费+定额施工机具使用费

❷【多选】为了便于措施项目费的确定和调整，通常采用分部分项工程量清单方式编制的措施项目有（　　）。

　A. 二次搬运工程　　　　　　　　　B. 垂直运输工程

　C. 脚手架工程　　　　　　　　　　D. 已完工程及设备保护

　E. 施工排水降水

❶ 【答案】 A

【解析】本题考查的是工程量清单编制。"计算基础"中安全文明施工费可为"定额基价"、"定额人工费"或"定额人工费+定额施工机具使用费",其他项目可为"定额人工费"或"定额人工费+定额施工机具使用费"。

❷ 【答案】 BCE

【解析】本题考查的是工程量清单编制。有些措施项目是可以计算工程量的,如脚手架工程,混凝土模板及支架(撑),垂直运输、超高施工增加,大型机械设备进出场及安拆,施工排水、降水等,这类措施项目按照分部分项工程量清单的方式采用综合单价计价。

6.4.4 其他项目清单

概念		因招标人的特殊要求而发生的与拟建工程有关的其他费用项目和相应数量的清单
影响因素		工程建设标准的高低、工程的复杂程度、施工工期的长短、工程的组成内容、发包人对工程管理要求等
内容		①暂列金额; ②暂估价(包括材料暂估单价、工程设备暂估单价、专业工程暂估价); ③计日工; ④总承包服务费
暂列金额	作用	工程合同签订时尚未确定或者不可预见的所需材料、工程设备、服务的采购,施工中可能发生的工程变更、合同约定调整因素出现时的合同价款调整以及发生的索赔、现场签证确认等的费用
	列项	由招标人填写,如不能详列也可只列暂列金额总额,计入投标总价
暂估价	作用	用于支付必然发生但暂时不能确定价格的材料、工程设备的单价以及专业工程的金额
	分类	①材料暂估单价、工程设备暂估单价:按照造价信息或市场价格估算。由招标人填写,计入综合单价。暂估价数量和拟用项目应结合工程量清单中的"暂估价表"予以补充说明
		②专业工程暂估价:综合暂估价,包括人、材、机、管理费和利润,分不同的专业列明细表。由招标人填写,计入投标总价,按合同约定金额结算
计日工	概念	施工过程中,承包人完成发包人提出的工程合同范围以外的零星项目或工作,按合同中约定的单价计价的一种方式
	目的	解决现场发生的零星工作。零星工作一般是指合同约定之外的或者因变更而产生的,工程量清单中没有相应项目的额外工作,尤其是那些时间不允许事先商定价格的额外工作
	计算	招标控制价:暂定的数量×计日工单价(信息价); 投标报价:暂定的数量×计日工单价(已标价清单中的); 计日工结算:实际签证确认的量×计日工单价(已标价清单中的)

	概念	总承包人为配合协调发包人进行的专业工程发包，对发包人自行采购的材料、工程设备等进行保管以及施工现场管理、竣工资料汇总整理等服务所需的费用
总承包服务费	用途	①招标人对专业工程进行发包，要求总承包人提供协调服务； ②发包人自行采购供应部分材料、工程设备时，要求总承包人提供保管等相关服务； ③总承包人对施工现场进行协调和统一管理、对竣工资料进行统一汇总整理等所需的费用
	计算	最高投标限价：按照省级或行业建设主管部门的规定计算。 投标报价：根据招标工程量清单中列出的内容和提出的要求，由投标人自主确定

总结：

	招标人	投标人
暂列金额	填写	计入投标总价
暂估价	填写	材料、设备计入综合单价； 专业工程计入总价； 按合同约定的结算金额填写
计日工	招标控制价阶段： 确定项目名称、暂定的数量×计日工单价（信息价）	投标阶段：自主确定单价×暂定数量 结算阶段：已标价清单中单价×双方确认的实际数量
总承包服务费	招标控制价阶段： 项目名称、服务内容，费率及金额（按计价规定确定）	投标时阶段： 费率及金额自主报价，计入总价

☑ 习题及答案解析

一、习题

❶【单选】根据《建设工程工程量清单计价规范》GB 50500-2013，关于计日工，下列说法中正确的是（　　）。

　　A. 计日工按综合单价计价，投标时应计入投标总价

　　B. 计日工表包括各种人工，不应包括材料、施工机械

　　C. 计日工表中的项目名称由招标人填写，工程数量由投标人填写

　　D. 计日工单价由投标人自主确定，并按计日工表中所列数量结算

❷【单选】招标人在工程量清单中提供的用于支付必然发生但暂不能确定价格的材料、工程设备的单价及专业工程的金额是（　　）。

A. 暂列金额   B. 总承包服务费

C. 暂估价   D. 价差预备费

❸【多选】关于暂估价的计算和填写，下列说法中正确的有（   ）。

A. 材料暂估价应由招标人填写暂估单价，无须指出拟用于哪些清单项目

B. 暂估价数量和拟用项目应结合工程量清单中的"暂估价表"予以补充说明

C. 专业工程暂估价应分不同专业，列出明细表

D. 工程设备暂估价不应纳入分部分项工程综合单价

E. 专业工程暂估价由招标人填写，并计入投标总价

❹【多选】根据《建设工程工程量清单计价规范》GB 50500-2013，在其他项目清单中，应 由投标人自主确定价格的有（   ）。

A. 计日工单价   B. 专业工程暂估价

C. 材料暂估单价   D. 暂列金额

E. 总承包服务费

二、答案与解析

❶【答案】A

【解析】本题考查的是工程量清单编制。选项B错误，计日工表包括人工、材料、施工机具；选项C错误，计日工表项目名称、暂定金额由招标人填写；选出D错误，投标时，单价由投标人自主报价，按暂定数量计算合价计入投标总价中。结算时，按发承包双方确认的实际数量计算合价。

❷【答案】C

【解析】本题考查的是工程量清单编制。暂估价是指招标人在工程量清单中提供的用于支付必然发生但暂时不能确定价格的材料、工程设备以及专业工程的金额，包括材料暂估单价、工程设备暂估单价、专业工程暂估价。

❸【答案】BCE

【解析】本题考查的是工程量清单编制。选项A错误，材料暂估单价及调整表由招标人填写"暂估单价"，并在备注栏说明暂估价的材料、工程设备拟用在哪些清单项目上，投标人应将上述材料、工程设备暂估价计入工程量清单综合单价报价中。选项D错误，工程设备暂估价应纳入分部分项工程综合单价。

❹【答案】AE

【解析】本题考查的是工程量清单编制。计日工单价和总承包服务费，投标时由投标人自主报价。选项BCD由招标人确定。

6.4.5 规费、增值税项目清单

规费	社会保险费、养老保险费、失业保险费、医疗保险费、工伤保险费、生育保险费、住房公积金（记忆：六险一金）
增值税	必须按国家或省级、行业建设主管部门的规定计算，不得作为竞争性费用。

☑ 习题及答案解析

一、习题

【多选】关于工程量清单及其编制，下列说法中正确的有（   ）。

A. 安全文明施工费应列入以"项"为单位计价的措施项目清单中

B. 招标工程量清单必须作为投标文件的组成部分

C. 招标工程量清单的准确性和完整性由其编制人负责

D. 暂列金中包括用于施工中必然发生但暂不能确定价格的材料、设备的费用

E. 计价规范中未列的规费项目，应根据省级政府或省级有关权力部门的规定列项

二、答案与解析

【答案】AE

【解析】本题考查的是工程量清单编制。计日工单价和总承包服务费，投标时由投标人自主报价。选项ABC由招标人确定。

第五节　最高投标限价的编制

6.5.1　最高投标限价概述

1. 最高投标限价的概念

条目	最高投标限价/招标控制价	标底
概念	对投标人的投标报价进行控制的最高价格，招标人可接受的上限价格	招标人的预期价格
是否作为否决投标的条件	是	否
是否公布	发布招标文件时公布	否，需要保密

2. 最高投标限价的作用

①可有效控制投资，防止通过围标、串标方式恶性哄抬报价，给招标人带来投资失控的风险。

②最高投标限价或其计算方法需在招标文件中明确，提高了透明度，避免了暗箱操作等违法活动的产生。

③投标人自主报价、公开公平竞争，有利于引导投标人进行理性竞争，符合市场规律。

3. 采用最高投标限价招标应该注意的问题

①若大大高于市场平均价，可能诱导投标人串标、围标。

②若远远低于市场平均价，结果可能出现只有少数人或出现无人投标的情况，招标人不得不进行二次招标，从而影响招标效率。

③最高投标限价的编制是一项较为系统的工程活动，要求编制人员除具备相关造价知识外，还需对工程的实际作业有全面的了解。否则容易造成最高限价与事实不符，使得招标与投标单位面临较大的风险。

6.5.2 最高投标限价的编制规定与依据

适用范围	国有资金投资的工程建设项目应实行工程量清单招标，编制最高投标限价，拒绝高于最高投标限价的投标报价
依据	工程量清单、工程计价有关规定和市场价格信息等
编制人	具有编制能力的招标人，或受其委托具有相应资质的工程造价咨询人；造价咨询人不得同时接受同一项目招标控制价和投标报价的编制
要求	在招标文件中公布总价、各单位工程的分部分项工程费、措施项目费、其他项目费、规费和税金，不得按照招标人的主观意志人为地进行上浮或下调
	报送至工程所在地工程造价管理机构备查
投诉	①投标人经复核认为最高投标限价未按规定编制的，应在公布后5天内向招标投标监督机构和工程造价管理机构投诉； ②相关机构应立即组织投诉人、被投诉人或其委托的编制人等进行核对； ③复查结论与原公布的招标控制价误差大于±3%时，应责成招标人改正； ④重新公布招标控制价时，距原投标截止期不足15天的应延长投标截止期

☑ 习题及答案解析

一、习题

❶【单选】关于招标控制价的相关规定，下列说法中正确的是（   ）。

A. 招标控制价应在招标文件中公布，仅需公布总价

B. 国有资金投资的工程建设项目，应编制招标控制价

C. 招标控制价超过批准概算3%以内时，招标人不必将其报原概算审批部门审核

D. 当招标控制价复查结论超过原公布的招标控制价3%以内时，应责成招标人改正

② 【单选】关于**招标控制价及其编制，下列说法中正确的是**（   ）。

A. 招标人不得拒绝高于招标控制价的投标报价

B. 当重新公布招标控制价时，原投标截止期不变

C. 投标人经复核认为招标控制价未按规定编制的，应在招标控制价公布后5日内提出投诉

D. 经复核认为招标控制价误差大于±3%时，投标人应责成招标人改正

二、答案与解析

① 【答案】B

【解析】本题考查的是最高投标限价的编制。招标控制价应在招标文件中公布，除须公布总价以外，还要公布各单位工程的分部分项工程费、措施项目费、其他项目费、规费以及增值税。招标控制价只要超过批准概算，招标人应将其报原概算审批部门审核。当招标控制价复查结论超过原公布的招标控制价3%以外时，应责成招标人改正。

② 【答案】C

【解析】本题考查的是最高投标限价的编制。招标人拒绝高于招标控制价的投标报价。当重新公布招标控制价时，应延长投标截止期。经复核认为招标控制价误差大于±3%时，招投标监督机构和工程造价管理机构应责成招标人改正。

6.5.3　最高投标限价的编制内容

分部分项 工程费	分部分项工程费＝工程量（招标文件中）×综合单价。 暂估材料的单价计入综合单价。 综合单价包括招标文件中要求投标人所承担的风险	
措施项目费	①以"量"计算	同分部分项工程费用的计算
	②以"项"计算	计费基数×费率。 安全文明施工费为不可竞争费用
其他项目费	①暂列金额	根据工程情况估算
	②暂估价	材料和工程设备单价：按照信息价，就高原则编制；造价信息未发布的，参考市场价格。 专业工程暂估价：应区分不同专业编制
	③计日工	人工和机械台班单价：按主管部门或造价管理机构发布的单价编制，人工单价和费率标准按就低原则选择。 材料单价：按信息价，就高原则编制；无信息价的按市场价并需说明

其他项目费	④总承包服务费	仅对专业工程进行总包管理和协调的，按专业工程造价的1.5%计算； 在上一条基础上，同时提供配合服务的，按3%～5%计算； 招标人供应材料设备的，按材料设备价值的1%计算
规费和税金	按规定编制，不得作为竞争性费用； 增值说＝前四项合计×增值税税率	

☑ 习题及答案解析

一、习题

❶【单选】招标人要求总承包人对专业工程进行统一管理和协调的，总承包人可计取总承包服务费，其取费基数为（　　）。

　A．专业工程估算造价　　　　　　　B．投标报价总额

　C．分部分项工程费用　　　　　　　D．分部分项工程费与措施费之和

❷【单选】关于招标控制价及其编制的说法，正确的是（　　）。

　A．综合单价中包括应由招标人承担的风险费用

　B．招标人供应的材料，总承包服务费应按材料价值的1.5%计算

　C．招标文件提供暂估价的主要材料，其主材费用应计入其他项目清单费用

　D．措施项目费应按招标文件中提供的措施项目清单确定

二、答案与解析

❶【答案】A

【解析】本题考查的是最高投标限价的编制。招标人要求总承包人对专业工程进行统一管理和协调的，总承包人可计取总承包服务费，其取费基数为专业工程估算造价。

❷【答案】D

【解析】本题考查的是最高投标限价的编制。综合单价中包括应由投标人承担的风险费用。招标人供应的材料，总承包服务费应按材料价值的1%计算。招标文件提供暂估价的主要材料，其主材费用应计入分部分项工程费综合单价中。

6.5.4　最高投标限价的确定

计价程序	反映的是单位工程费用，各单位工程费用是由分部分项工程费、措施项目费、其他项目费、规费和增值税组成

风险费用	①对于技术难度较大和管理复杂的项目，可考虑将一定的风险费用纳入到综合单价；②对于工程设备、材料价格的市场风险，可将一定率值的风险费用，纳入到综合单价；③增值税、规费等法律、法规、规章和政策变化风险和人工单价等风险费用，不应纳入综合单价

✅ 习题及答案解析

一、习题

【多选】根据《建设工程工程量清单计价规范》GB 50500-2013，招标控制价中综合单价中应考虑的风险因素包括（　　）。

A. 项目管理的复杂性　　　　　　　B. 人工单价的市场变化

C. 项目的技术难度　　　　　　　　D. 材料价格的市场风险

E. 税金、规费的政策变化

二、答案与解析

【答案】ACD

【解析】本题考查的是最高投标限价的编制。综合单价中风险的确定：①技术难度较大和管理复杂的项目，可考虑将一定的风险费用纳入到综合单价中；②对于工程设备、材料价格的市场风险，可将一定率值的风险费用，纳入到综合单价中；③增值税、规费等法律、法规、规章和政策变化风险和人工单价等风险费用，不应纳入综合单价。

第六节　投标报价编制

6.6.1　投标报价编制的原则与依据

1. 投标报价的编制原则

①投标人自主确定投标报价，但必须执行相关强制规定。由投标人或受其委托的工程造价咨询人编制。

②投标报价不得低于工程成本。明显低于其他投标报价或标底时，应当要求该投标人做出书面说明并提供证明材料；不能提供的，否决其投标。

③投标人应对影响工程施工的现场条件进行全面考察，依据招标人介绍情况做出的判断

和决策，由投标人自行负责。

④投标报价以招标文件中设定的发承包双方责任划分，作为考虑投标报价费用项目和费用计算的基础。

⑤以施工方案、技术措施作为投标报价计算的基本条件；以企业定额作为计算人工、材料和机械台班消耗量的基本依据；充分利用现场考察、调研成果、市场价格信息和行情资料，编制基础报价。

⑥投标报价中的工程量清单的项目编码、项目名称、项目特征、计量单位、工程数量必须与招标人招标文件中提供的一致（五个一致）。报价计算方法要科学严谨，简明适用。

2. 投标报价的编制依据

①清单计价与计量规范；

②国家或省级、行业建设主管部门颁发的计价办法；

③企业定额，国家或省级、行业建设主管部门颁发的计价定额；

④招标文件、工程量清单及其补充通知、答疑纪要；

⑤建设工程设计文件及相关资料；

⑥施工现场情况、工程特点及拟定的投标施工组织设计或施工方案；

⑦与建设项目相关的标准、规范等技术资料；

⑧市场价格信息或工程造价管理机构发布的工程造价信息；

⑨其他相关资料。

6.6.2 投标报价的前期工作

研究招标文件、复核工程量、确定基础标价、编制投标文件。（记顺序）

1. 研究招标文件

投标人须知	特别要注意项目的资金来源、投标书的编制和递交、投标保证金、更改或备选方案、评标方法等，重点在于防止投标被否决
合同分析	①背景分析：了解与承包内容有关的合同背景、监理方式、法律依据，为报价和合同实施及索赔提供依据。 ②形式分析：承包方式（如分项承包、施工承包、设计与施工总承包和管理承包等）及计价方式（如单价方式、总价方式、成本加酬金方式等）。 ③条款分析。包括承包商的任务、工作范围和责任；变更及价款调整；付款方式、时间；施工工期；业主责任
技术标准和要求分析	报价人员应在准确理解招标人要求的工程技术标准的基础上对有关工程内容进行报价。否则可能导致工程承包重大失误和亏损
图纸分析	图纸的详细程度取决于招标人提供的施工图设计所达到的深度和所采用的合同形式

2. 调查工程现场

自然条件	水文、气象、地质等
施工条件	现场的三通一平情况、有无特殊交通限制等
其他条件	构件、半成品及商品混凝土的供应能力和价格、现场附近的生活设施等

☑ 习题及答案解析

一、习题

❶ 【单选】投标人在投标前期研究招标文件时，对合同形式进行分析的主要内容为（ ）。

  A. 计价方式　　　B. 承包商任务　　　C. 付款办法　　　　D. 合同价款调整

❷ 【单选】施工投标报价的主要工作有：①复核工程量，②研究招标文件，③确定基础标价，④编制投标文件，其正确的工作流程是（ ）。

  A. ①②③④　　　B. ②③①④　　　C. ②①③④　　　D. ①②④③

二、答案与解析

❶ 【答案】A

【解析】本题考查的是投标报价编制。合同形式分析。主要分析承包方式（如分项承包、施工承包、设计与施工总承包和管理承包等），计价方式（如单价方式、总价方式、成本加酬金方式等）。

❷ 【答案】C

【解析】本题考查的是投标报价编制。施工投标报价的工作流程是：研究招标文件→复核工程量→确定基础标价→编制投标文件。

6.6.3　询价与工程量复核

1. 询价

注意事项	①产品质量必须可靠，并满足招标文件的有关规定； ②供货方式、时间、地点，有无附加条件和费用
渠道	①通过代理人、经纪人、销售商或直接与生产厂商联系； ②向咨询公司进行询价； ③通过互联网、市场调查或信函等自行询价
生产要素询价	①材料询价：对比价格、供应数量、运输方式、保险和有效期、不同买卖条件下的支付方式等； ②机械询价：在外地施工，有时从当地租赁或采购更有利； ③劳务询价：包括成建制的劳务公司（费用高，但素质可靠）和劳务市场（价格低廉，但素质不可靠）

分包询价	注意：分包标函是否完整，分包工程单价所包含的内容，分包人的工程质量、信誉及可信赖程度，质量保证措施，分包报价

2. 复核工程量

目的	①对比工程量，考虑相应的投标策略，决定报价尺度； ②根据工程量大小采取合适的施工方法； ③确定大宗物资的预订及采购的数量，防止超量或少购带来的损失
注意事项	①计算主要清单工程量，复核工程量清单； ②投标人复核后发现的错误不能直接修改，应向招标人提出，由招标人统一修改并把修改情况通知所有投标人； ③工程量清单中的遗漏或错误，是否向招标人提出修改意见取决于投标策略。投标人可以用报价技巧获得更大收益； ④通过复核准确地确定订货及采购物资的数量

☑ 习题及答案解析

一、习题

❶ 【多选】关于施工投标报价中下列说法中正确的有（　　）。

　　A. 投标人可以通过复核防止由于订货超量带来的浪费

　　B. 投标人应根据复核工程量的结果选择适用的施工设备

　　C. 投标人可以不向招标人提出复核工程量中发现的遗漏

　　D. 投标人应逐项计算工程量，复核工程量清单

　　E. 投标人应修改错误的工程量，并通知招标人

❷ 【多选】复核工程量是投标人编制投标报价前的一项重要工作。通过复核工程量，便于投标人（　　）。

　　A. 决定报价尺度

　　B. 采取合适的施工方法

　　C. 选用合适的施工机具

　　D. 决定投入的劳动力数量

　　E. 选用合适的承包方式

二、答案与解析

❶ 【答案】ABC

　　【解析】本题考查的是投标报价编制。投标人无须逐项计算工程量，计算主要清单工程

量即可。投标人不能修改错误的清单工程量。

❷ 【答案】ABCD

【解析】本题考查的是投标报价编制。在投标时间允许的情况下可以对主要项目的工程量进行复核，对比与招标文件提供的工程量差距，从而考虑相应的投标策略，决定报价尺度；也可根据工程量的大小采取合适的施工方法，选择适用、经济的施工机具设备、投入使用相应的劳动力数量；还能确定大宗物资的预订及采购的数量，防止由于超量或少购等带来的浪费、积压或停工待料。

6.6.4 投标报价的编制方法和内容

1. 分部分项工程和措施项目清单与计价表的编制

（1）分部分项工程和单价措施项目清单与计价表的编制

确定综合单价是编制过程中最主要的内容。

其中：综合单价＝人工费+材料和工程设备费+施工机具使用费+企业管理费+利润（考虑风险费用）

1）确定综合单价时的注意事项

①以项目特征描述为依据。项目特征描述与设计图纸不符时，以项目特征描述为准确定投标报价的综合单价。在施工阶段图纸或设计变更与项目特征描述不一致时，发承包双方按实际施工的项目特征，依据合同约定重新确定综合单价

②材料、工程设备暂估价按单价计入清单项目的综合单价

③考虑合理的风险。招标文件中要求投标人承担的风险考虑进入综合单价。施工过程中出现的风险内容及其范围（幅度）在招标文件规定的范围（幅度）内时，综合单价不得变动，合同价款不做调整。

发承包双方对工程施工阶段的风险宜采用以下分摊原则：

A. 主要由市场价格波动导致的价格风险，由发承包双方在招标文件或合同中予以明确约定并进行合理分摊。

B. 法律、法规、规章或有关政策导致增值税、规费、人工费发生变化，并由省级、行业建设行政主管部门或其授权的工程造价管理机构由此发布的政策性调整，以及由政府定价或政府指导价管理的原材料等价格进行的调整，承包人不应承担此类风险，应按照有关调整规定执行。

C. 承包人根据自身技术水平、管理、经营状况能够自主控制的风险，如承包人的管理费、利润的风险，由承包人全部承担

2）综合单价确定的步骤和方法

①确定计算基础。计算基础主要包括消耗量指标和生产要素单价，优先采用企业定额

②分析清单工程内容

③计算工程内容的工程数量与清单单位的含量

$$清单单位含量 = \frac{某工程内容的定额工程量}{清单工程量}$$

④分部分项工程人工、材料、机械费用的计算。以完成每一计量单位的清单项目所需的人工、材料、机械用量为基础计算：

$$人工费 = \frac{完成单位清单项目}{所需人工的工日数量} \times 人工工日单价$$

$$材料费 = \sum \frac{完成单位清单项目所需}{各种材料、半成品的数量} \times 各种材料、半成品单价$$

$$\begin{array}{c}施工机具\\使用费\end{array} = \sum \frac{完成单位清单项目所需}{各种施工机具的台班数量} \times 各种机械的台班单价$$

当招标人提供的其他项目清单中列示了材料暂估价时，应根据招标人提供的价格计算材料费，并在分部分项工程量清单与计价表中表现出来

⑤计算综合单价

企业管理费和利润的计算可按照人工费、材料费、机械费之和按照一定的费率取费计算：

企业管理费 =（人工费+材料费+施工机具使用费）× 企业管理费费率；

利润 =（人工费+材料费+施工机具使用费+企业管理费）× 利润率；

将上述五项费用汇总，并考虑合理的风险费用后，即可得到清单综合单价

3）编制分部分项工程与单价措施项目清单与计价表

4）编制工程量清单综合单价分析表

（2）总价措施项目清单与计价表的编制

对于不能精确计量的措施项目，应遵循以下原则编制总价措施项目清单与计价表：

①内容依据招标人提供的措施项目清单和投标人投标时拟定的施工组织设计或施工方案确定。

②措施项目费由投标人自主确定，但安全文明施工费不得作为竞争性费用。

2. 其他项目清单与计价表的编制

暂列金额		按招标人提供的金额填写，不得变动
暂估价	材料、工程设备暂估价	必须按照招标人提供的单价计入清单项目综合单价
	专业工程暂估价	必须按照招标人提供的金额填写
计日工		量：招标人提供的其他项目清单中的暂估数量
		价：自主确定的综合单价（不包括规费和税金）
总承包服务费		根据招标文件列出分包专业工程内容和供应材料、设备情况，按照招标人的要求自主确定

3. 规费、增值税项目清单与计价表的编制

规费和增值税不得作为竞争性费用。

4. 投标报价的汇总

总价与各部分合计金额应一致，不能进行投标总价的优惠，投标人对投标报价的任何优惠均应反映在相应清单项目的综合单价中。

☑ 习题及答案解析

一、习题

① 【单选】投标人在投标报价时，应优先被采用为综合单价编制依据的是（　）。

　A. 地区定额　　　　B. 企业定额　　　　C. 行业定额　　　　D. 国家定额

② 【单选】根据《建设工程工程量清单计价规范》GB 50500-2013，在招标文件未另有要求的情况下，投标报价的综合单价一般要考虑的风险因素是（　）。

　A. 政策法规的变化　　　　　　　　B. 人工单价的市场变化

　C. 管理费、利润的风险　　　　　　D. 政府定价材料的价格变化

③ 【单选】根据《建设工程工程量清单计价规范》GB 50500-2013，关于施工发承包投标报价的编制，下列做法正确的是（　）。

　A. 暂列金额应按照招标工程量清单中列出的金额填写，不得变动以后发生的为准，以招标工程量清单为准

　B. 设计图纸与招标工程量清单项目特征描述不同的，以设计图纸特征为准

　C. 材料、工程设备暂估价应按暂估单价，乘以所需数量后计入其他项目费

　D. 总承包服务费应按照投标人提出的协调、配合和服务项目自主报价

二、答案与解析

① 【答案】B

　【解析】本题考查的是投标报价编制。投标人在投标报价时，应优先被采用为综合单价编制依据的是企业定额。

② 【答案】C

　【解析】本题考查的是投标报价编制。对于承包人根据自身技术水平、管理、经营状况能够自主控制的风险，如承包人的管理费、利润的风险，承包人应结合市场情况，根据企业自身的实际合理确定、自主报价，该部分风险由承包人全部承担。

③ 【答案】A

　【解析】本题考查的是投标报价编制。设计图纸与招标工程量清单项目特征描述不同

的，以招标工程量清单特征为准。材料、工程设备暂估价应按暂估单价应计入分部分项工程量清单综合单价当中。总承包服务费应按照招标人提出的协调、配合和服务项目自主报价。

5. 投标报价的策略

（1）基本策略

可选择报高价的情形	可选择报低价的情形
①施工条件差的工程（如条件艰苦、场地狭小或地处交通要道等）	①施工条件好的工程，工作简单、工作量大，但其他投标人都可以做的工程
②专业要求高的技术密集型工程且投标单位在这方面有专长，声望也较高	②急于打入某一市场或地区，或即将面临没有工程的情况，机械设备无工地转移时
③总价低的小工程，以及投标单位不愿做而被邀请投标，又不便不投标的工程	③附近有工程而本项目可利用该工程的设备、劳务或有条件短期内突击完成的工程
④特殊工程，如港口码头、地下开挖工程等	—
⑤投标对手少的工程	④投标对手多，竞争激烈的工程
⑥工期要求紧的工程	⑤非急需工程
⑦支付条件不理想的工程	⑥支付条件好的工程

（2）报价技巧

不平衡报价法	在不影响总报价的前提下，通过调整内部各个项目的报价，既不影响中标，又能在结算时得到更理想的经济效益
多方案报价法	在投标文件中报两个价：一个是按招标文件的条件报价，另一个是加注解的报价，即如果某条款做改动，报价可降低多少，以此吸引招标人
无利润报价法	对于缺乏竞争优势的承包单位，在不得已时可采用根本不考虑利润的报价方法，以获得中标机会
突然降价法	先按照一般情况报价或表现出自己对该工程兴趣不大，等到投标截止时，再突然降价。此方法可以迷惑对手，提高中标概率，但对投标单位的分析判断和决策能力要求较高
增加建议方案法	招标文件中有时规定，投标单位可修改原设计方案。这时投标单位应抓住机会，提出更为合理的方案以吸引建设单位，促进方案中标
其他报价技巧	①针对计日工、暂定金额、可供选择的项目使用不同的报价手段，以此获得更高收益； ②在投标报价中附带优惠条件； ③将分包商的利益与自己捆绑在一起，不但可以防治分包商事后反悔和涨价，还能迫使分包商报出较合理的价格，共同争取中标

一、习题

❶ 【单选】指在不影响工程总报价的前提下，通过调整内部各个项目的报价，以达到既不提高总报价、不影响中标，又能在结算时得到更理想的经济效益的报价方法是（　　）。

A. 多方案报价法 　　　　　　B. 不平衡报价法

C. 突然降价法 　　　　　　　D. 无利润报价法

❷ 【单选】（　　）报价技巧，可以迷惑对手，提高中标概率。但对投标单位的分析判断和决策能力要求较高。

A. 不平衡报价法 　　　　　　B. 多方案报价法

C. 无利润报价法 　　　　　　D. 突然降价法

二、答案与解析

❶ 【答案】B

【解析】本题考查的是投标报价编制。不平衡报价法，在不影响总报价的前提下，通过调整内部各个项目的报价，以达到既不提高总报价、不影响中标，又能在结算时得到更理想的经济效益的报价方法。

❷ 【答案】D

【解析】本题考查的是投标报价编制。突然降价法，即先按照一般情况报价或表现出自己对该工程兴趣不大，等到投标截止时，再突然降价。采用此本报价技巧，可以迷惑对手，提高中标概率。但对投标单位的分析判断和决策能力要求较高。

第七章

工程施工和竣工阶段造价管理

第一节　工程施工成本管理

第二节　工程变更管理

第三节　工程索赔管理

第四节　工程计量和支付

第五节　工程结算

第六节　竣工决算

7.1.1　施工成本管理流程

概念	施工成本管理是一个有机联系与相互制约的系统过程
施工成本管理流程的程序	①掌握成本测算数据（生产要素的价格信息及中标的施工合同价）； ②编制成本计划，确定成本实施目标； ③进行成本控制； ④进行施工过程成本核算； ⑤进行施工过程成本分析； ⑥进行施工过程成本考核； ⑦编制施工成本报告； ⑧施工成本管理资料归档（记忆：前6项的顺序）

　　成本测算是指编制投标报价时对预计完成该合同施工成本的测算；它是决定最终投标价格取定的核心数据。成本测算数据是成本计划的编制基础，成本计划是开展成本控制和核算的基础；成本控制能对成本计划的实施进行监督，保证成本计划的实现，而成本核算又是成本计划是否实现的最后检查，成本核算所提供的成本信息又是成本分析、成本考核的依据；成本分析为成本考核提供依据，也为未来的成本测算与成本计划指明方向；成本考核是实现成本目标责任制的保证和手段

7.1.2　施工成本管理内容

1. 成本测算

概念	对工程项目未来的成本水平及其可能的发展趋势作出科学估计
作用	①是编制项目施工成本计划的依据； ②可估算出工程项目的单位成本或总成本
方法	成本法： 主要是通过施工企业定额来测算拟施工工程的成本，并考虑建设期物价等风险因素进行调整

2. 成本计划

概念	在成本预测的基础上，施工承包单位及其项目经理部对计划期内工程项目成本水平所做的筹划
作用	①目标成本的一种表达形式 ②是建立项目成本管理责任制、开展成本控制和核算的基础 ③是进行成本费用控制的主要依据
组成	①直接成本计价、间接成本计划 ②实施性计划成本，即各责任中心的责任成本计划

方法	①目标利润法：中标价扣除预期利润、增值税、应上缴管理费等； ②技术进步法：项目成本估算值（投标时）–项目成本降低额； ③按实计算法：以工程项目的实际资源消耗测算为基础； ④定率估算法（历史资料法）：当工程项目非常庞大和复杂而需要分为几个部分时采用的方法

3. 成本控制

概念	对影响工程项目成本的各项要素，采取一定措施进行监督、调节和控制，及时预防、发现和纠正偏差，保证目标实现的行为
作用	①工程项目成本管理的核心内容； ②项目管理中不确定因素最多、最复杂、最基础的管理内容
内容	计划预控、过程控制和纠偏控制（前、中、后）
方法	①成本分析表法； ②工期–成本同步分析法； ③赢得值法（挣值法）； ④价值工程法–进行事前成本控制的重要方法，在提高功能的条件下，确定最佳施工方案，降低施工成本

（1）赢得值（挣值）法
1）三个基本参数：

	计算公式
三个基本参数 （记忆：公式）	已完工作预算费用（BCWP）＝已完成工作量×预算单价
	计划工作预算费用（BCWS）＝计划工作量×预算单价
	已完工作实际费用（ACWP）＝已完成工程量×实际单价

2）四个评价指标：

	费用偏差（*CV*）	进度偏差（*SV*）
计算公式	费用偏差（*CV*）＝已完成工作预算费用–已完工作实际费用＝已完工程量×（预算单价–实际单价）	进度偏差（*SV*）＝已完成工作预算费用–计划工作预算费用＝（已完工程量–计划工程量）×预算单价
内容	费用偏差是单价的差额	进度偏差是工程量的差额
评价指标	*CV*为负值时，即表示项目运行超出预算值	*SV*为负值时，表示进度延误
	*CV*为正值时，表示项目运行节支，实际费用没有超出预算费用	*SV*为正值时，表示进度提前

4．成本核算

（1）成本核算的对象和范围

概念	统计其实际发生额，并计算工程项目总成本和单位工程成本
作用	①成本管理最基础的工作； ②是成本分析和成本考核等的依据
对象	以项目经理责任成本（项目生产成本）目标为基本核算范围
方法	①表格核算法； ②会计核算法
成本费用归集 与分配	①能够直接计入有关成本核算对象的，直接计入； ②不能直接计入的，采用一定的分配方法计入各成本核算对象

（2）成本核算方法

	表格核算法	会计核算法
概念	进行工程项目施工各岗位成本的责任核算和控制	进行工程项目施工成本核算，项目财务部门采用此方法
优点	比较简捷明了、直观易懂、易于操作、适时性较好	不仅要核算施工直接成本，还要核算工程项目在施工过程中出现的债权债务、摊销、报量和收款、分包完成和分包付款。科学严密，人为控制的因素较小且核算覆盖面较大
缺点	覆盖范围较窄，核算债权债务等比较困难；较难实现科学严密的审核制度，有可能造成数据失实，精度较差	对核算人员的专业水平要求较高

（3）成本费用归集和分配

分类	内容
人工费	一般采用实际用工时（或定额工时）工资平均分摊价格进行计算 $$工资平均分摊价格 = \frac{建筑安装工人工资总额}{各项目实用工时（或定额工时）总和}$$ 某项工程应分配的人工费 = 该项工程实用工时 × 工资平均分摊价格
材料费	凡材料是能点清数量、分清成本核算对象的，应在有关领料凭证（如限额领料单）上注明成本核算对象名称，据此计入成本核算对象
施工机具使用费	按自有机具和租赁机具分别加以核算。从外单位或本企业内部独立核算的机械站租入施工机具支付的租赁费，直接计入成本核算对象的机具使用费。如租入的机具是为两个或两个以上的工程服务，应以租入机具所服务的各个工程受益对象提供的作业台班数量为基数进行分配，计算公式如下： $$平均台班租赁费 = \frac{支付的租赁费总额}{租入机具作业总台班数}$$

分类	内容
措施费	凡能分清受益对象的，应直接计入受益成本核算对象中
间接费	能分清受益对象的间接成本，应直接计入受益成本核算对象

在施工机具使用费中，占比重最大的往往是施工机具折旧费。按现行财务制度规定，施工承包单位计提折旧一般采用平均年限法和工作量法。技术进步较快或使用寿命受工作环境影响较大的施工机具和运输设备，经国家财政主管部门批准，可采用双倍余额递减法或年数总和法计提折旧。

分类	内容	
平均年限法	也称使用年限法，是指按照固定资产的预计使用年限平均分摊固定资产折旧额的方法	
	$$年折旧率=\frac{1-预计净残值率}{折旧年限}\times100\%$$ 净残值率按照固定资产原产值的3%~5%确定	年折旧额=固定资产原值×年折旧率
工作量法	按行驶里程计算	$$单位里程折旧额=\frac{原值\times(1-预计净残值率)}{规定的总行驶里程}$$ 年折旧额=年实际行驶里程×单位里程折旧额
	按台班计算	$$每台班折旧额=\frac{原值\times(1-预计净残值率)}{规定的总工作台班}$$ 年折旧额=年实际工作台班×每台班折旧额
	工作量法与年限法本质相同，适用于大型机械、设备	
双倍余额递减法	是指按照固定资产账面净值和固定的折旧率计算折旧的方法，它属于一种加速折旧的方法。其年折旧率是平均年限法的两倍，并且在计算年折旧率时不考虑预计净残值率。采用这种方法时，折旧率是固定的，但计算基数逐年递减，因此计提的折旧额逐年递减	
	$$年折旧率=\frac{2}{折旧年限}\times100\%$$ 年折旧额=固定资产账面净值×年折旧率	
	重点难点	①年折旧率都是相等的； ②计算年折旧率时，不考虑残值的影响； ③当年末账面净值=上年末账面净额-当年折旧额； ④折旧计算基数为上期年末账面净值，每年的折旧基数逐年减少，每年的折旧额也逐年减少； ⑤在固定资产到期前两年内，将固定资产净值（指扣除预计净残值后的净额）平均摊销

【例】某施工机具固定资产原价为100000元，预计净残值1000元，预计使用年限5年，采用双倍余额递减法计算各年的折旧额。

解：年折旧率＝2÷5×100%＝40%

第一年折旧额＝100000×40%＝40000（元）

第二年折旧额＝（100000－40000）×40%＝24000（元）

第三年折旧额＝（100000－64000）×40%＝14400（元）

第四年折旧额＝（100000－78400－1000）÷2＝10300（元）

第五年折旧额＝（100000－78400－1000）÷2＝10300（元）

5. 成本分析

（1）成本分析的方法

成本分析的基本方法	比较法 又称指标对比分析法	指通过技术经济指标的对比检查目标的完成情况，分析产生差异的原因，进而挖掘内部潜力
	因素分析法 又称连环置换法	用来分析各种因素对成本的影响程度。 替换顺序：先实物量，后价值量；先绝对值，后相对值
	差额计算法	因素分析法的一种简化形式，利用各个因素的目标值与实际值的差额来计算其对成本的影响程度
	比率法	即用两个以上的指标的比例进行分析。 常见比率法有：相关比率法、构成比率法、动态比率法

1）比较法

比较法的应用	本期实际指标与目标指标对比	检查目标完成情况，分析影响目标完成的积极因素和消极因素，以便及时采取措施，保证成本目标的实现
	本期实际指标与上期实际指标对比	看出各项技术经济指标的变动情况，反映项目管理水平的提高程度
	本期实际指标行业平均水平、先进水平对比	反映本项目的技术管理和经济管理水平与行业的平均和先进水平的差距，进而采取措施赶超先进水平

【例】

指标	本年计划	上年实际	企业先进	本年实际	差异数		
					与计划比	与上年比	与先进比
节约额（万元）	100	90	120	110	10	20	−10

2）因素分析法（连环置换法）

因素分析法的计算顺序	①以各个因素的计划数为基础，计算出一个总数； ②逐项以各个因素的实际数替换计划数； ③每次替换后，实际数就保留下来，直到所有计划数都被替换成实际数为止； ④每次替换后，都应求出新的计算结果； ⑤最后将每次替换所得结果，与其相邻的前一个计算结果比较，其差额即为替换的那个因素对总差异的影响程度

【例】某施工单位承包一工程，计划砌砖工程量1200m³，按预算定额规定，每立方米耗用空心砖510块，每块空心砖计划价格为0.12元；而实际砌砖工程量却达1500m³，每立方米实耗空心砖500块，每块空心砖实际购入价为0.18元。试用因素分析法进行成本分析。

替换顺序：先实物量，后价值量；先绝对值，后相对值。

解：

砌砖工程的空心砖成本计算公式为：

空心砖成本＝砌砖工程量×每立方米空心砖消耗量×空心砖价格。

采用因素分析法对上述三个因素分别对空心砖成本的影响进行分析。计算过程和结果见表7-1。

砌砖工程空心砖成本分析表
表7-1

计算顺序	砌砖工程量	每立方米空心砖消耗量	空心砖价格（元）	空心砖成本（元）	差异数（元）	差异原因
计划数	1200	510	0.12	73440	—	—
第一次代替	1500	510	0.12	91800	18360	由于工程量增加
第二次代替	1500	500	0.12	90000	-1800	由于空心砖节约
第三次代替	1500	500	0.18	135000	45000	由于价格提高
合　计	—	—	—	—	61560	—

以上分析结果表明，实际空心砖成本比计划超出61560元，主要原因是工程量增加和空心砖价格提高；另外，由于节约空心砖消耗，使空心砖成本节约了1800元，这是好现象，应该总结经验，继续发扬。

3）差额计算法

差额计算法是因素分析法的一种简化形式，它利用各个因素的目标值与实际值的差额来计算其对成本的影响程度。

【例】以【上例】的成本分析材料为基础，利用差额计算法分析各因素对成本的影响程度。

工程量的增加对成本的影响额＝（1500-1200）×510×0.12＝18360（元）

材料消耗量变动对成本的影响额＝1500×（500-510）×0.12＝-1800（元）

材料单价变动对成本的影响额＝1500×500×（0.18－0.12）＝45000（元）

各因素变动对材料费用的影响＝18360－1800+45000＝61560（元）

两种方法的计算结果相同，但采用差额计算法显然要比第一种方法简单。

4）比率法

常用的比率法	相关比率法	通过对两个性质不同且相关的指标对比，考察经营成果的好坏 比如：投入和产出
	构成比率法	亦称比重分析法或结构对比分析法； 可考察成本总量的沟通情况及个成功项目占总体比重； 可看出预算成本、实际成本和降低成本的比例关系
	动态比率法	同类指标不同时期的数值对比； 计算方法：定基指数和环比指数

（2）成本分析的类别

成本分析的类别	应关注的内容
分部分项工程 成本分析	①是施工项目成本分析的基础。 ②"三算"对比：已完工作的预算成本（施工图预算成本）、目标成本（计划成本）、实际成本（来自施工任务的实际工程量、实耗人工、实耗材料）（记忆：三算是"预、目、实"）。 ③分别计算实际偏差和目标偏差，分析偏差产生的原因，为今后的分部分项工程成本寻求节约的途径。 ④从开工到竣工均需进行系统的成本分析
月（季）度 成本分析	①通过对各成本项目的成本分析，可以了解成本总量的构成比例和成本管理的薄弱环节。 ②超支幅度大的，应采取增收节支措施。 ③通过主要技术经济指标的实际与目标对比，分析产量、工期、质量、"三材"节约率、机械利用率对成本的影响。 ④通过对技术组织措施执行效果的分析，寻求节约途径
年度成本分析	依据年度成本报表、进行分析，重点是针对下一年度的施工进展情况制定切实可行的成本管理措施，以保证施工项目成本目标的实现
竣工成本 的综合分析	包括三个方面： ①竣工成本分析； ②主要资源节超对比分析； ③主要技术节约措施及经济效果分析

6. 成本考核

概念	定期对项目形成过程中的各级单位成本管理的成绩或失误进行总结与评价
作用	通过成本考核，给予责任者相应的奖励或惩罚
对象	①企业对项目成本的考核； ②企业对项目经理部可控责任成本的考核

指标降低额、降低率	①企业的项目成本考核指标：项目成本降低额、项目成本降低率； ②项目经理部可控责任成本考核指标：项目经理责任目标总成本降低额和降低率、施工责任目标成本实际降低额和降低率、施工计划成本实际降低额和降低率

☑ 习题及答案解析

一、习题

❶ （　　）是工程项目成本管理的核心内容，也是工程项目成本管理中不确定因素最多、最复杂、最基础的管理内容。

A．成本测算　　　　B．成本计划　　　　C．成本控制　　　　D．成本核算

❷ 关于施工项目成本核算方法的说法，正确的是（　　）。

A．表格核算法的优点是覆盖面较大

B．会计核算法不核算工程项目在施工过程中出现的债权债务

C．表格核算法可用于工程项目施工各岗位成本的责任核算

D．会计核算法不能用于整个企业的生产经营核算

❸ 某分部工程计划工程量5000m³，计划成本360元/m³；实际完成工程量4600m³，实际成本400元/m³。用赢得值法分析该分部工程的施工成本偏差为（　　）元。

A．-90000　　　　B．-100000　　　　C．-184000　　　　D．-200000

❹ 某施工机械原值100万元，规定的工作小时为10000h，预计净残值率为5%，某年该机械实际工作1200h，则该施工机械年折旧额为（　　）元。

A．114000　　　　B．120000　　　　C．126000　　　　D．126320

❺ 能够通过技术经济指标的对比，检查目标的完成情况，分析产生差异的原因，进而挖掘内部潜力的分析方法是（　　）。

A．比较法　　　　B．因素分析法　　　　C．差额计算法　　　　D．比率法

❻ 下列施工成本分析方法中，可以用来分析各种因素对成本影响程度的是（　　）。

A．比重分析法　　　　B．连环置换法　　　　C．相关比率法　　　　D．动态比率法

❼ 某项目施工成本数据如下表，根据差额计算法，成本降低率提高对成本降低额的影响程度为（　　）万元。

项目	单位	计划	实际	差额
成本	万元	220	240	20
成本降低率	%	3	3.5	0.5
成本降低额	万元	6.6	8.4	1.8

A. 0.6   B. 0.7   C. 1.1   D. 1.2

⑧ 分部分项工程成本分析的"三算"对比分析，是指（ ）的比较。

A. 概算成本、预算成本、决算成本   B. 预算成本、目标成本、实际成本

C. 月度成本、季度成本、年度成本   D. 预算成本、计划成本、目标成本

⑨ 单位工程竣工成本分析的内容包括（ ）。

A. 分部分项工程成本分析   B. 竣工成本分析

C. 成本总量构成比例分析   D. 主要资源节超对比分析

E. 主要技术节约措施及经济效果分析

⑩ 关于成本分析，下列说法正确的有（ ）。

A. 月季度成本分析中，通过对各成本项目的成本分析，了解成本总量的构成比例

B. 分部分项成本分析是施工项目成本分析的基础

C. 分部分项成本分析的方法是进行实际成本与目标成本比较

D. 年度成本分析的依据是年度成本报表

E. 对主要的分部分项工程要做到从开工到竣工进行系统的成本分析

二、答案与解析

① 【答案】C

【解析】本题考查的是施工成本管理。成本控制是工程项目成本管理的核心内容，也是工程项目成本管理中不确定因素最多、最复杂、最基础的管理内容。

② 【答案】C

【解析】本题考查的是施工成本管理。会计核算法科学严密，人为控制的因素较小而核算覆盖面较大。选项A错误，表格核算的优点是简捷明了、直观易懂、易于操作和适时性较好，而覆盖面较大是会计核算法的优点。选项B错误，会计核算法可以核算施工直接成本。选项D错误，会计核算法可以用于进行工程项目施工成本核算，项目财务部门采用此方法。

③ 【答案】C

【解析】本题考查的是施工成本管理。成本偏差＝已完工作预算费用−已完工作实际费用＝4600×（360−400）＝−184000元。

④ 【答案】A

【解析】本题考查按工作小时计算折旧额。

每工作小时折旧额＝[1000000×（1−5%）]/10000＝95元。

年折旧额＝95×1200＝114000元。

⑤ 【答案】A

【解析】本题考查的是施工成本管理。比较法能够通过技术经济指标的对比，检查目标的完成情况，分析产生差异的原因，进而挖掘内部潜力。选项B错误，因素分析法用来

分析各种因素对成本的影响程度。选项C错误，差额计算法利用各个因素的目标值与实际值的差额来计算其对成本的影响程度。选项D错误，比率法是利用两个以上的指标的比例进行分析。

⑥【答案】B

【解析】 本题考查的是施工成本管理。连环置换法可以用来分析各种因素对成本的影响程度。

⑦【答案】D

【解析】 本题考查的是施工成本管理。成本降低率提高对成本降低额的影响程度＝240×0.5＝1.2（万元）。

⑧【答案】B

【解析】 本题考查的是施工成本管理。"三算"对比分析是指预算成本（施工图预算成本）、目标成本（计划成本）、实际成本（来自施工任务的实际工程量、实耗人工、实耗材料）。

⑨【答案】BDE

【解析】 本题考查的是施工成本管理。单位工程竣工成本分析的内容包括：竣工成本分析，主要资源节约/超支对比分析，主要技术节约措施及经济效果分析。

⑩【答案】ABDE

【解析】 本题考查的是施工成本管理。分部分项成本分析的方法是三算对比。选项C错误，实际成本与目标成本比较是月（季）度成本分析的常用方法。

第二节　工程变更管理

7.2.1　工程变更的范围

工程变更包括以下五个方面	①增加或减少合同中任何工作，或追加额外的工作； ②取消合同中任何工作，但转由他人实施的除外； ③改变合同中任何工作的质量标准或其他特性； ④改变工程的基线、标高、位置或尺寸； ⑤改变工程的时间安排或实施顺序

7.2.2　工程变更权

发包人和工程师指示	变更指示均通过工程师发出（应征得发包人同意），由承包人实施变更。未经许可，承包人不得擅自对工程的任何部分进行变更
涉及设计变更的	应由设计人提供变更后的图纸和说明。如变更超过原设计标准或批准的建设规模时，发包人应及时办理规划、设计变更等审批手续

7.2.3 工程变更工作内容

发包人 提出变更	①应通过工程师向承包人发出变更指示； ②变更指示应说明计划变更的工程范围和变更的内容	
工程师提出 变更建议	①发包人同意，由工程师向承包人发出变更指示； ②发包人不同意，工程师无权擅自发出变更指示	
收到变更指示后 的变更执行	①不能执行，应立即提出不能执行该变更指示的理由； ②可以执行，书面说明对合同价格和工期的影响，且合同当事人应当按照合同变更估价条款约定确定变更估价	
变更估价	原则	①有相同项目的，按照相同项目单价认定； ②无相同项目，但有类似项目的，参照类似项目的单价认定； ③工程量变化幅度超过15%的，或无相同项目及类似项目单价的，按照合理的成本与利润构成的原则，由合同当事人按照合同约定方法确定变更工作的单价
	程序	①承包商向工程师提交变更估价申请→工程师审查报发包人审批，逾期审批或未提出异议，视为认可； ②价格调整计入近一期进度款中支付
承包人的 合理化建议	①应向工程师提交，说明建议的内容和理由，以及实施该建议对合同价格和工期的影响； ②工程师审查（技术缺陷通知承包人修改），报发包人审批。批准的，工程师发变更指示，不批准的，工程师应书面通知承包人	
变更引起的 工期调整	合同当事人均可要求调整合同工期，按照合同约定并参考所在地区的工期定额标准，确定增减工期天数	
暂估价	非必须招标	第1种方式：对于不属于依法必须招标的暂估价项目，按本项约定确认和批准： ①承包人应根据施工进度计划，在签订暂估价项目的采购合同、分包合同前的约定期限内向工程师提出书面申请。工程师应当在收到申请后的约定期限内报送发包人，发包人应当在收到申请后的约定期限内给予批准或提出修改意见，发包人逾期未予批准或未提出修改意见的，视为该书面申请已获得同意。 ②发包人认为承包人确定的供应商、分包人无法满足工程质量或合同要求的，发包人可以要求承包人重新确定暂估价项目的供应商、分包人。 ③承包人应当在签订暂估价合同后约定期限内，将暂估价合同副本报送发包人留存
		第2种方式：承包人按照"依法必须招标的暂估价项目"约定的第1种方式确定暂估价项目
		第3种方式：承包人直接实施的暂估价项目，承包人具备实施暂估价项目的资格和条件的，经发包人和承包人协商一致后，可由承包人自行实施暂估价项目，合同当事人可以在专用合同条款中约定具体事项

暂估价	必须招标	第1种方式：对于依法必须招标的暂估价项目，由承包人招标，对该暂估价项目的确认和批准按照以下约定执行： ①承包人应当根据施工进度计划，在招标工作启动前的约定期限内将招标方案通过工程师报送发包人审查，发包人应当在收到承包人报送的招标方案后的约定期限内批准或提出修改意见。 ②承包人应当根据施工进度计划，在约定期限内将招标文件通过工程师报送发包人审批，发包人应当在收到承包人报送的相关文件后的约定期限内完成审批或提出修改意见。发包人有权确定招标控制价并按照法律规定参加评标。 ③承包人与供应商、分包人在签订暂估价合同前，应当在约定期限内将确定的中标候选供应商或中标候选分包人的资料报送发包人，发包人应在收到资料后的约定期限内与承包人共同确定中标人；承包人应当在签订合同后的约定期限内，将暂估价合同副本报送发包人留存
		第2种方式：对于依法必须招标的暂估价项目，由发包人和承包人共同招标确定暂估价供应商或分包人的，承包人应按照施工进度计划，在招标工作启动前的约定期限内通知发包人，并提交暂估价招标方案和工作分工，发包人应在收到后的约定期限内确认。确定中标人后，由发包人、承包人与中标人共同签订暂估价合同
暂列金额	按照发包人的要求使用，发包人的要求应通过工程师发出	
计日工	有计日工单价的，用已有的；没有就按成本利润构成原则确定	
	承包人应在该项工作实施过程中，每天提交以下报表和有关凭证报送工程师审查： ①工作名称、内容和数量； ②投入该工作的所有人员的姓名、专业、工种、级别和耗用工时； ③投入该工作的材料类别和数量； ④投入该工作的施工设备型号、台数和耗用台时； ⑤其他有关资料和凭证	
	列入近一期进度款支付	

☑ 习题及答案解析

一、习题

❶ **根据《建设工程量清单计价规范》GB 50500-2013，下列关于计日工的说法中正确的是（　　）。**

A．招标工程量清单计日工数量为暂定，计日工费不计入投标总价

B．发包人通知承包人以计日工方式实施的零星工作，承包人可以视情况决定是否执行

C. 计日工表的费用项目包括人工费、材料费、施工机具使用费、企业管理费和利润

D. 计日工金额不列入期中支付，在竣工结算时一并支付

❷ 下列关于施工合同内容的改变，不属于工程变更的是（　　）。

A. 取消一项施工任务 　　　　　B. 延长合同工期

C. 解除施工合同 　　　　　　　D. 改变合同基线

❸ 关于工程变更的说法，错误的是（　　）。

A. 监理人要求承包人改变已批准的施工工艺或顺序属于变更

B. 发包人通过变更取消某项工作从而转由他人实施

C. 监理人要求承包人为完成工程需要追加的额外工作属于变更

D. 变更超过原设计标准或批准的建设规模时，设计人应及时办理规划、设计变更等审批手续

E. 因变更引起的价格调整应计入竣工结算

❹ 采用计日工计价的变更工作，承包人按合同约定向发包人提交的复核资料包括（　　）。

A. 工作名称、内容和数量

B. 投入该工作的主要人员的姓名、工种、级别、耗用工时

C. 投入该工作的材料类别和数量

D. 投入该工作的施工设备型号、台数和耗用台时

E. 现场签证表

二、答案与解析

❶ 【答案】C

【解析】本题考查的是工程变更管理。计日工表的费用项目包括人工费、材料费、施工机具使用费、企业管理费和利润。

❷ 【答案】C

【解析】本题考查的是工程变更管理。工程变更包括以下五个方面：①增加或减少合同中任何工作，或追加额外的工作；②取消合同中任何工作，但转由他人实施的工作除外；③改变合同中任何工作的质量标准或其他特性；④改变工程的基线、标高、位置和尺寸；⑤改变工程的时间安排或实施顺序。

❸ 【答案】BDE

【解析】本题考查的是工程变更管理。工程变更的范围：①增加或减少合同中任何工作，或追加额外的工作；②取消合同中任何工作，但转由他人实施的除外；③改变合同中任何工作的质量标准或其他特性；④改变工程的基线、标高、位置或尺寸；⑤改变工程的时间安排或实施顺序。

❹ 【答案】ACD

【解析】本题考查的是工程变更管理。采用计日工计价的任何一项工作，承包人均应在

该项工作实施过程中每天提交以下报表和有关凭证报送工程师审查：①工作名称、内容和数量；②投入该工作的所有人员的姓名、专业、工种、级别和耗用工时；③投入该工作的材料类别和数量；④投入该工作的施工设备型号、台数和耗用台时；⑤其他有关资料和凭证。

第三节　工程索赔管理

7.3.1　工程索赔产生的原因

业主方（包括发包人和工程师）违约	未按合同规定提供设计资料、图纸，未及时下达指令、答复请示等，使工程延期，下达错误指令，提供错误信息；发包人或工程师协调工作不力等
合同缺陷	合同文件规定不严谨甚至矛盾，合同条款遗漏或错误，设计图纸错误造成设计修改、工程返工、窝工等
工程环境的变化	材料价格和人工工日单价的大幅度上涨，国家法令的修改，货币贬值，外汇汇率变化等
不可抗力或不利的物质条件	①地震、瘟疫、水灾等；战争、罢工等。②施工现场遇到的不可预见的自然物质条件、非自然的物质障碍和污染物，包括地下和水文条件
合同变更	发包人指令增加、减少工作量，增加新的工程，提高设计标准、质量标准

7.3.2　工程索赔的分类

分类依据	种类
按索赔合同依据分	合同中的明示索赔 合同中的默示索赔
按索赔目的分	工期索赔 费用索赔
按索赔事件的性质	工期延误索赔——发包人或不可抗力原因 工程变更索赔 合同被迫终止的索赔 赶工索赔 意外风险和不可预见因素索赔 其他索赔：货币贬值、物价、工资上涨等

分类依据	种类
按照《建设工程工程量清单计价规范》分	对合同价款调整规定了法律法规变化、工程变更、项目特征不符、工程量清单缺项等事项
	其中法律法规变化引起的价格调整主要是指合同基准日期后，法律法规变化导致承包人在合同履行过程中所需要的费用发生除（市场价格波动引起的调整）约定以外的增加时，由发包人承担由此增加的费用；减少时，应从合同价格中予以扣减
	基准日期后，因法律变化造成工期延误时，工期应予以顺延。因承包人原因造成工期延误，在工期延误期间出现法律变化的，由此增加的费用和（或）延误的工期由承包人承担

7.3.3 工程索赔的结果

《建设工程施工合同（示范文本）》GF-2017-0201

序号	索赔事件	可补偿内容		
		工期	费用	利润
1	迟延提供图纸	√	√	√
2	施工中发现文物、古迹	√	√	
3	迟延提供施工场地	√	√	√
4	施工中遇到不利物质条件	√	√	
5	提前向承包人提供材料、工程设备		√	
6	发包人提供材料、工程设备不合格或迟延提供或变更交货地点	√	√	√
7	承包人依据发包人提供的错误资料导致测量放线错误	√	√	√
8	因发包人原因造成承包人的人员工伤事故		√	
9	因发包人原因造成工期延误	√	√	
10	异常恶劣的气候条件导致工期延误	√		
11	承包人提前竣工		√	
12	发包人暂停施工造成工期延误	√	√	√
13	工程暂停后因发包人原因无法按时复工	√	√	√
14	因发包人原因导致承包人工程返工	√	√	√
15	监理人对已经覆盖的隐蔽工程要求重新检查且检查结果合格	√	√	√
16	因发包人提供的材料、工程设备造成工程不合格	√	√	
17	承包人应监理人要求对材料、工程设备和工程重新检验且检验结果合格	√	√	√
18	基准日后法律的变化		√	

序号	索赔事件	可补偿内容		
		工期	费用	利润
19	发包人在工程竣工前提前占用工程	√	√	√
20	因发包人的原因导致工程试运行失败		√	√
21	工程移交后因发包人原因出现新的缺陷或损坏的修复		√	√
22	工程移交后因发包人原因出现的缺陷修复后的试验和试运行		√	
23	因不可抗力停工期间应监理人要求照管、清理、修复工程		√	
24	因不可抗力造成工期延误	√		
25	因发包人违约导致承包人暂停施工	√	√	√

7.3.4 索赔的依据和前提条件

1. 索赔的依据

工程施工合同文件	这是最关键和最主要的依据,包括施工中的洽商、变更等书面文件
法律法规	国家制定的法律依据; 工程所在地的地方法规或地方政府规章也可作为索赔依据,但应当在专用条款中约定
标准、规范和定额	强制性标准,必须严格执行; 非强制性标准,必须在合同中明确规定
各种凭证	即索赔事件遭受费用或工期损失的事实依据,反映了工程的计划情况和实际情况,如施工进度计划

2. 索赔成立的条件

承包人工程索赔成立的基本条件	①已造成了承包人直接经济损失或工期延误; ②是因非承包人的原因发生的; ③承包人已经按照工程施工合同规定的期限和程序提交了索赔意向通知、索赔报告及相关证明材料

7.3.5 工程索赔的计算

1. 费用索赔的计算

索赔费用的组成	
人工费	额外工作、加班加点、法定人工费增长、非承包商原因降效、停工导致窝工和工资上涨费。 在计算停工损失中人工费时,通常采取人工单价乘以折算系数计算

索赔费用的组成	
材料费	增加的材料费、发包人原因延期期间的材料价格上涨和超期储存费用；材料费中应包括运输费、仓储费以及合理的损耗费用
施工机具使用费	额外工作、非因承包人原因导致工效降低所增加的、指令错误或迟延导致机械停工的台班停滞费
现场管理费	额外工作以及发包人原因导致延期期间的现场管理费，包括管理人员工资、办公费、通信费、交通费等
总部管理费	由于发包人原因导致延期期间所增加的总部管理费
保险费	发包人原因导致工程延期时，承包人必须办理工程保险、施工人员意外伤害保险等各项保险的延期手续，对于由此而增加的费用
保函手续费	因发包人原因导致工程延期时，承包人必须办理相关履约保函的延期手续，对于由此而增加的手续费
利息	发包人拖延支付工程款利息、发包人延迟退还工程质量保证金的利息、承包人垫资施工的垫资利息、发包人错误扣款的利息等
利润	工程范围变更、发包人所提供文件有缺陷或错误、发包人未能提供施工场地以及因发包人违约导致合同终止等事件引起的索赔，承包人都可以列入利润。 对于因发包人原因暂停施工导致的工期延误，承包人也有权要求发包人支付合理的利润
分包费用	由于发包人的原因导致分包工程费用增加时，分包人只能向总承包人提出索赔，但分包人的索赔款项应当列入总承包人对发包人的索赔款项中

费用索赔的计算方法	
计算原则	赔偿实际损失
最易被发承包双方接受的方法	实际费用法（分项法）
市场价格波动引起的索赔	价格指数； 造价信息

【例】某施工合同约定，施工现场主导施工机械一台，由施工企业租得，台班单价为300元/台班，租赁费为100元/台班，人工工资为40元/工日，窝工补贴为10元工日，以人工费为基数的综合费率为35%，在施工过程中，发生了如下事件：①出现异常恶劣天气导致工程停工2天，人员窝工30个工日；②因恶劣天气导致场外道路中断，抢修道路用工20个工日；③场外大面积停电，停工2天，人员窝工10个工日。为此，施工企业可向业主索赔费用为多少。

解：各事件处理结果如下：

异常恶劣天气导致的停工通常不能进行费用索赔。

抢修道路用工的索赔额＝20×40×（1+35%）＝1080（元）

停电导致的索赔额＝2×100＋10×10＝300（元）

总索赔费用＝1080+300＝1380（元）

2. 工期索赔的计算

工期索赔中应当注意的问题	
①划清施工进度拖延的责任	可原谅延期：承包人不应承担任何责任的延误
	不可原谅延期：即因承包人的原因造成了施工进度滞后
②被延误的工作应是处于施工进度计划关键线路上的施工内容（非关键工作延误超过了总时差）	

工期索赔中的具体依据
①合同约定或双方认可的施工总进度规划； ②合同双方认可的详细进度计划； ③合同双方认可的对工期的修改文件； ④施工日志、气象资料； ⑤业主或工程师的变更指令； ⑥影响工期的干扰事件

工期索赔的计算方法	
直接法	如果某干扰事件直接发生在关键线路上，造成总工期的延误，可以直接将该干扰事件的实际干扰时间（延误时间）作为工期索赔值
比例计算法	如果某干扰事件仅仅影响某单项工程、单位工程或分部分项工程的工期，要分析其对总工期的影响，可以采用比例计算法： $$工期索赔值＝受干扰部分工期拖延时间×\frac{受干扰部分工程的合同价格}{折旧年限原合同总价}$$
网络图分析法	如延误的工作为关键工作，则延误的时间为索赔的工期
	如延误的工作为非关键工作，当该工作由于延误超过时差限制而成为关键工作时，可以索赔延误时间与时差的差值；若该工作延误后仍为非关键工作，则不存在工期索赔问题
	可以用于各种干扰事件和多种干扰事件共同作用所引起的工期索赔

共同延误的处理	
工期拖期很少是只由一方造成的，往往是两、三种原因同时发生（或相互作用）而形成的，故称为"共同延误"	①确定"初始延误"者，它应对工程拖期负责； ②如初始延误者是发包人，则承包人的工期延长及经济补偿； ③如初始延误者是客观原因，则补偿工期，但很难获得费用补偿； ④如初始延误者是承包人原因，则无补偿

一、习题

❶ 某施工合同约定人工工资为200元/工日,窝工补贴按人工工资的25%计算,在施工过程中发生了如下事件:①出现异常恶劣天气导致工程停工2天,人员窝工20个工日;②因恶劣天气导致场外道路中断,抢修道路用工20个工日;③几天后,场外停电,停工1天,人员窝工10个工日。承包人可向发包人索赔的人工费为( )元。

    A. 1500   B. 2500   C. 4500   D. 5500

❷ 关于施工合同履行过程中共同延误的处理原则,下列说法中正确的是( )。

    A. 在初始延误发生作用期间,其他并发延误者按比例承担责任

    B. 若初始延误者是发包人,则在其延误期内,承包人可得到经济补偿

    C. 若初始延误者是客观原因,则在其延误期内,承包人不能得到经济补偿

    D. 若初始延误者是承包人,则在其延误期内,承包人只能得到工期补偿

❸ 用网络图分析法处理可原谅延期,下列说法中正确的是( )。

    A. 只有在关键线路上的工作延误,才能索赔工期

    B. 非关键线路上的工作延误,不应索赔工期

    C. 如延误的工作为关键工作,则延误的时间为工期索赔值

    D. 该方法不适用于多种干扰事件共同作用所引起的工期索赔

❹ 工程索赔产生的原因包括( )。

    A. 业主方违约   B. 承包方违约

    C. 合同缺陷   D. 工程环境变化

    E. 不可抗力

二、答案与解析

❶ 【答案】C

    【解析】本题考查建的是工程索赔管理。索赔的人工费=$20×200+10×200×25\%=4500$元。

❷ 【答案】B

    【解析】本题考查建的是工程索赔管理。选项A错误,初始延误者应对工程拖期负责,在初始延误发生作用期间,其他并发的延误者不承担拖期责任;选项B正确,如果初始延误者是发包人原因,则在发包人原因造成的延误期内,承包人既可得到工期延长,又可得到经济补偿;选项C错误,如果初始延误者是客观原因,则在客观因素发生影响的延误期内,承包人可以得到工期延长,但很难得到费用补偿;选项D错误,如果初始延误者是承包人原因,则在承包人原因造成的延误期内,承包人既不能得到工期补偿,也不能得到费用补偿。

③ 【答案】C

【解析】本题考查建的是工程索赔管理。选项AB错误，如果延误的工作为非关键工作，则当该工作由于延误超过时差而成为关键工作时，可以索赔延误时间与时差的差值；若该工作延误后仍为非关键工作，则不存在工期索赔问题。选项C正确，如果延误的工作为关键工作，则延误的时间为索赔的工期；选项D错误，该方法通过分析干扰事件发生前和发生后网络计划的计算工期之差来计算工期索赔值，可以用于各种干扰事件和多种干扰事件共同作用所引起的工期索赔。

④ 【答案】ACDE

【解析】本题考查的是工程索赔管理。工程索赔产生的原因包括：业主方违约；合同缺陷；合同变更；工程环境的变化；不可抗力或不利的物质条件。

第四节　工程计量和支付

7.4.1　工程计量

1. 工程计量的原则与范围

概念	对承包人已经完成的质量合格的工程实体数量进行测量与计算，并以物理计量单位或自然计量单位进行标识、确认的过程
原则	①不符合合同文件要求的工程不予计量； ②按合同文件所规定的方法、范围、内容和单位计量； ③因承包人原因造成的超出合同工程范围施工或返工的工程量，发包人不予计量
范围	①工程量清单及工程变更所修订的工程量清单的内容； ②合同文件中规定的各种费用支付项目，如费用索赔、各种预付款、价格调整、违约金等
依据	工程量清单及说明、合同图纸、工程变更令及其修订的工程量清单、合同条件、技术规范、有关计量的补充协议、质量合格证书等（记忆：对"工程量"有影响的）

2. 工程计量的方法

单价合同计量	施工中工程计量时，若发现招标工程量清单中出现缺项、工程量偏差，或因工程变更引起工程量的增减，应按承包人在履行合同义务中完成的工程量计算
总价合同计量	除按照工程变更规定引起的工程量增减外，总价合同各项目的工程量是承包人用于计算的最终工程量。总价合同约定的项目计量应以合同经审定批准的施工图纸为依据，发承包双方应在合同中约定工程计量的形象目标或时间节点进行计量

7.4.2 预付款及期中支付

1. 预付款

预付款的支付	①百分比法	预付款的比例原则上不低于合同金额的10%，不高于合同金额的30%
	②公式计算法	工程预付款数额 = $\dfrac{\text{工程总价} \times \text{材料比例（\%）}}{\text{年度施工天数}} \times \text{材料储备定额天数}$
预付款的扣回	①按合同约定	当工程进度款累计金额超过合同价格的10%～20%时开始起扣，每月从进度款中按一定比例扣回
	②起扣点计算	$$T = P - \dfrac{M}{N}$$ 式中 T——起扣点（即工程预付款开始扣回时）的累计完成工程金额 P——承包工程合同总额 M——工程预付款总额 N——主要材料及构件所占比重
预付款担保	①提供时间	签订合同后，承包人领取预付款前
	②主要形式	银行保函（担保公司担保，抵押担保）
	③金额	与预付款等值，预付款逐月从工程进度款中扣除，预付款担保的金额也应逐渐减少
	④有效期	预付款全部扣回之前一直有效
安全文明施工费	①时间	开工后的28d内
	②金额	不低于当年施工进度计划的安全文明施工费总额的60%，其余部分按照提前安排的原则进行分解，与进度款同期支付
	③不按时支付的处理	承包人可催告；付款期满后的7d内仍未支付的，若发生安全事故，发包人应承担连带责任

2. 期中支付

期中支付价款的计算	已完工程的结算价款	①已标价清单中的单价项目价款=计量确认的工程量×总额单价；如综合单价发生调整，则按双方确认的综合单价计算； ②已标价清单中的总价项目价款=安全文明施工费+本期应支付的总价项目金额
	结算价款的调整	增加：现场签证+索赔金额； 扣除：甲供材、按签约提供的单价和数量
	进度款的支付比例	按照合同约定，按期中结算价款总额，不低于60%，不高于90%

期中支付的程序	进度款支付申请	①累计已完成的合同价款； ②累计已实际支付的合同价款； ③本周期合计完成的合同价款； ④本周期合计应扣减的金额； ⑤本周期实际应支付的合同价款
	进度款支付证书	①发包人核实确认后出具进度款支付证书； ②如有争议的，可对无争议部分出具
	支付证书的修改	①如有错、漏或重复数额，发包人有权予以修正，承包人也有权提出修正申请； ②双方符合同意修正的，支付或扣除价款

☑ 习题及答案解析

一、习题

❶ 关于施工合同工程价款的期中支付，下列说法中正确的是（   ）。

    A. 期中进度款的支付比例，一般不低于期中价款总额的60%

    B. 期中进度款的支付比例，一般不高于期中价款总额的80%

    C. 综合单价发生调整的项目，其增减费在竣工结算时一并结算

    D. 发承包双方如对部分计量结果存在争议，等待争议解决后再支付全部进度款

❷ 由发包人提供的工程材料、工程设备的金额，应在合同价款的期中支付和结算中予以扣除，具体的扣出标准是（   ）。

    A. 按签约单价和签约数量   B. 按实际采购单价和实际数量

    C. 按签约单价和实际数量   D. 按实际采购单价和签约数量

❸ 承包人应在每个计量周期到期后，向发包人提交已完成工程进度款支付申请，支付申请包括的内容有（   ）。

    A. 累计已完成的合同价款   B. 本期合计完成的合同价款

    C. 本期合计应扣减的金额   D. 累计已调整的合同金额

    E. 预计下期将完成的合同价款

❹ 下列关于工程计量的叙述，正确的有（   ）。

    A. 工程计量可选择按月或按工程形象进度分段计量

    B. 对承包人已经完成的质量合格的工程实体数量进行测量与计算，应以自然计量单位进行表示确认

    C. 单价合同工程量必须以承包人完成合同工程应予计量的按照现行国家计量规范规定的工程量计算规则计算得到的工程量确定

D. 除按照工程变更规定引起的工程量增减外，总价合同各项目的工程量是承包人用于结算的最终工程量

E. 总价合同约定的项目计量应以合同工程经审定批准的施工图纸为依据，发承包双方应在合同中约定工程计量的形象目标或时间节点进行计量

二、答案与解析

❶【答案】A

【解析】本题考查的是工程计量和支付。选项B错误，进度款的支付比例按照合同约定，按期中结算价款总额计，不低于60%，不高于90%；选项C错误，综合单价发生调整的，以发承包双方确定调整的综合单价计算进度款；选项D错误，若发、承包双方对有的清单项目的计量结果出现争议，发包人应对无争议部分的工程计量结果向承包人出具进度款支付证书。

❷【答案】A

【解析】本题考查的是工程计量和支付。由发包人提供的材料、工程设备金额，应按照发包人签约提供的单价和数量从进度款支付中扣出，列入本周期应扣减的金额中。

❸【答案】ABC

【解析】本题考查的是工程计量和支付。承包人应在每个计量周期到期后向发包人提交已完工程进度款支付申请一式四份，详细说明此周期认为有权得到的款额，包括分包人已完工程的价款。支付申请的内容包括：①累计已完成的合同价款；②累计已实际支付的合同价款；③本周期合计完成的合同价款；④本周期合计应扣减的金额；⑤本周期实际应支付的合同价款。

❹【答案】ACDE

【解析】本题考查的是工程计量和支付。选项B错误，所谓工程计量，就是发承包双方根据合同约定，对承包人完成合同工程的数量进行的计算和确认。具体地说，就是双方根据设计图纸、技术规范以及施工合同约定的计量方式和计算方法，对承包人已经完成的质量合格的工程实体数量进行测量与计算，并以物理计量单位或自然计量单位进行表示、确认的过程。

第五节　工程结算

7.5.1　工程竣工结算的编制和审核

竣工结算概念	工程项目完工并经竣工验收合格后，发承包双方按照施工合同的约定对所完成的工程项目进行的合同价款的计算、调整和确认

分类	①单位工程竣工结算（分阶段结算）	编制人：承包人	审查：发包人审查
		编制人：总承包的，具体承包人	审查：总承包人审查的基础上发包人审查
	②单项工程竣工结算（分阶段结算）	编制人：总（承）包人	审查： 发包人或委托造价咨询机构审查； 政府投资项目，由同级财政部门审查； 经发承包人签字盖章后有效
	③建设项目竣工结算		
时限要求	承包人应在约定期限内完成编制工作，未完成的且提不出正当理由延期的，责任自负		

1. 工程竣工结算的编制依据

编制	承包人或受其委托的具有相应资质的工程造价咨询人
核对	发包人或受其委托的具有相应资质的工程造价咨询人
主要依据	①建设工程工程量清单计价规范以及各专业工程工程量清单计算规范； ②工程合同； ③发承包双方实施过程中已确认的工程量及其结算的合同价款； ④发承包双方实施过程中已确认调整后追加（减）的合同价款； ⑤建设工程设计文件及相关资料； ⑥投标文件； ⑦其他依据

2. 工程竣工结算的计价原则

单价项目	①双方确认的工程量×已标价工程量清单综合单价； ②如发生调整，以双方确认调整的综合单价计算
总价措施项目	①依据合同约定的项目和金额计算； ②安全文明施工费必须按规定计算
其他项目	①计日工按发包人实际签证确认的事项计算； ②暂估价按规定计算； ③总承包服务费依据合同约定计算； ④索赔费用依据双方确认的事项和金额计算； ⑤现场签证费用依据双方签证资料确认的金额计算； ⑥暂列金额应减去工程价款调整（包括索赔、现场签证）金额计算，如有余额归发包人
规费和税金	按国家或省级、行业建设主管部门规定计算
总价合同	合同总价基础上，对约定调整的内容及超过约定范围的风险因素进行调整
单价合同	①合同约定风险范围内的综合单价应固定不变； ②按合同约定计量，并按实际完成的工程量计量

3. 竣工结算的审核

国有资金项目	①委托工程造价咨询企业，出具审核意见； ②规定期限内向承包人提出审核意见； ③逾期未答复，按照合同约定处理，合同没有约定的，竣工结算文件视为已被认可
非国有资金项目	①发包人审核； ②约定期限内答复，逾期未答复，按照合同约定处理，合同没有约定的，竣工结算文件视为已被认可； ③有异议，在期限内向承包人提出，并可在约定期限内与承包商协商； ④未协商或者未达成协议的，委托造价咨询企业审核，在约定期限内向承包人提出审核意见

造价咨询机构核对	①在规定期限内核对完毕，不一致的，应提交给承包人复核	
	②承包人应该提交同意结论或不同意见的说明	
	③造价咨询机构收到承包人的异议后应再次复核	复核无异议的，签字确认，竣工计算办理完毕
		复合后仍有异议的，无异议部分办理不完全竣工结算；有异议部分发承包双方先协商，协商不成，按照争议解决方式处理
		承包人逾期未提出书面异议的，视为认可
接受委托的工程造价咨询机构从事竣工结算审核工作通常应包括下列三个阶段	①准备阶段	准备阶段应包括收集、整理竣工结算审核项目的审核依据资料，做好送审资料的交验、核实、签收工作，并应对资料的缺陷向委托方提出书面意见及要求
	②审核阶段	应包括现场踏勘核实，召开审核会议，澄清问题，提出补充依据性资料和必要的弥补性措施，形成会商纪要，进行计量、计价审核与确定工作，完成初步审核报告
	③审定阶段	应包括就竣工结算审核意见与承包人和发包人进行沟通，召开协调会议，处理分歧事项，形成竣工结算审核成果文件，签认竣工结算审定签署表，提交竣工结算审核报告等工作
竣工结算审核的成果文件	应包括竣工结算审核书封面、签署页、竣工结算审核报告、竣工结算审定签署表、竣工结算审核汇总对比表、单项工程竣工结算审核汇总对比表、单位工程竣工结算审核总对比表等	
竣工结算审核应采用全面审核法	除委托咨询合同另有约定外，不得采用重点审核法、抽样审核法或类比审核法等其他方法	

4. 质量争议工程的竣工结算

已竣工验收或已竣工未验收但实际投入使用的工程	按保修合同执行，按合同约定办理竣工结算

| 已竣工未验收且未实际投入使用的工程以及停工、停建工程的质量争议 | ①有争议部分 | 委托有资质的检测鉴定机构进行检测，根据检测结果确定解决方案，或按质量监督机构的处理决定执行后办理竣工结算 |
| | ②无争议部分 | 按合同约定办理 |

7.5.2　竣工结算款的支付

工程竣工结算文件经发承包双方签字确认的，应当作为工程结算的依据，未经对方同意，另一方不得就已生效的竣工结算文件委托工程造价咨询企业重复审核。

竣工结算文件应当由发包人报工程所在地县级以上住房城乡建设主管部门备案。

1. 承包人提交竣工结算款支付申请

承包人提交的竣工结算款支付申请应包括下列内容：

①竣工结算合同价款总额；
②累计已实际支付的合同价款；
③应扣留的质量保证金；
④实际应支付的竣工结算款金额

2. 发包人签发工程结算支付证书

发包人应在收到承包人提交竣工结算款支付申请后7天内予以核实，向承包人签发竣工结算支付证书。

3. 支付竣工结算款

发包人签发竣工结算支付证书后的约定期限内，按照竣工结算支付证书列明的金额向承包人支付结算款。

发包人在收到承包人提交的竣工结算款支付申请后规定时间内不予核实，不向承包人签发竣工结算支付证书的，视为承包人的竣工结算款支付申请已被发包人认可；发包人应在收到承包人提交的竣工结算款支付申请规定时间内，按照承包人提交的竣工结算款支付申请列明的金额向承包人支付结算款。

发包人未按照规定的程序支付竣工结算款的，承包人可催告发包人支付，并有权获得延迟支付的利息。发包人在竣工结算支付证书签发后或者在收到承包人提交的竣工结算款支付申请规定时间仍未支付的，除法律另有规定外，承包人可与发包人协商将该工程折价，也可直接向人民法院申请将该工程依法拍卖。承包人就该工程折价或拍卖的价款优先受偿。

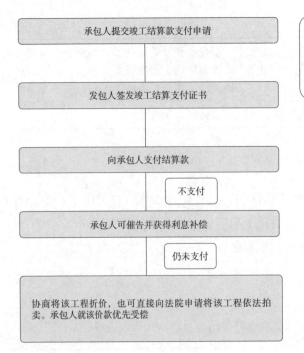

承包人提交的竣工计算款支付申请的内容：
①竣工结算合同价款总额
②累计以实际支付的合同价款
③应扣留的质量保证金
④实际应支付的竣工结算款金额

7.5.3 合同解除的价款结算与支付

1. 不可抗力解除合同

不可抗力	合同解除之日前已完成尚未支付的合同价款
	合同中约定应由发包人承担的费用
	已实施或部分实施的措施项目应付价款
	承包人为合同工程合理订购且已交付的材料和工程设备货款发包人一经支付此项货款，该材料和工程设备即成为发包人的财产
	承包人撤离现场所需的合理费用，包括员工遣送费和临时工程拆除、施工设备运离现场的费用
	承包人为完成合同工程而预期开支的任何合理费用，且该项费用未包括在本款其他各项支付之内
	当发包人应扣除的金额超过了应支付的金额，则承包人应在合同解除后的56天内将差额退还给发包人

2. 违约解除合同

承包人违约	①暂停支付价款
	②发包人在合同解除后规定时间内核算违约金及损失的金额，并将结果通知承包人
	③双方应在规定时间内予以确认或提出意见，并办理结算
	④发包人应扣除金额超过应支付的，承包人应在合同解除后规定时间内退还给发包人
	⑤不能达成一致的，按合同约定的争议解决方式处理

发包人违约	①支付各项价款（同不可抗力解除的规定）
	②发包人核算应支付的违约金及造成损失或损害的索赔费用，费用应由承包人提出，发包人核实后与承包人协商确定后的规定时间内向承包人签发支付证书
	③协商不一致，按合同约定的争议解决方式处理

7.5.4 最终结清

最终结清是指合同约定的缺陷责任期终止后，承包人已按合同规定完成全部剩余工作且质量合格的，发包人与承包人结清全部剩余款项的活动。

最终结清付款后，承包人在合同内享有的索赔权利也自行终止。

最终结清申请单	①缺陷责任期终止后，承包人应按照合同约定向发包人提交最终结清支付申请； ②发包人对最终结清支付申请有异议的，有权要求承包人进行修正和提供补充资料； ③承包人修正后，应再次向发包人提交修正后的最终结清支付申请
最终支付证书	发包人应在收到承包人提交的最终结清单后的规定时间内予以核实，向承包人签发最终结清支付证书
最终结清付款	①发包人应在签发最终结清支付证书后的规定时间内，按照最终结清支付证书列明的金额向承包人支付最终结清款； ②发包人未按期最终结清支付的，承包人可催告发包人支付，并有权获得延迟支付的利息； ③最终结清时，承包人被预留的质量保证金不足以抵减发包人工程缺陷修复费用的，承包人应承担不足部分的差额； ④最终结清付款涉及政府投资的，按照国库集中支付的规定和专用条款约定办理

7.5.5 工程质量保证金的处理

质量保证金的含义	①缺陷责任期一般为1年，最长不超过2年，由发承包双方在合同中约定； ②缺陷责任期从工程通过竣工验收之日起计算，由于承包人原因导致工程无法按规定期限进行竣工验收的，缺陷责任期从实际通过竣工验收之日起计算； ③由于发包人原因导致工程无法按规定期限竣工验收的，在承包人提交竣工验收报告90天后，工程自动进入缺陷责任期
工程质量保修范围和内容	①保修范围：地基基础工程、主体结构工程、屋面防水工程、有防水要求的卫生间、房间和外墙面的防渗漏、供热与供冷系统、电气管线、给排水管道、设备安装和装修工程，以及双方约定的其他项目； ②具体保修的内容由双方在工程质量保修书中约定

続表

工程质量保证金的预留及管理	①发包人应按照合同约定方式预留保证金，保证金总预留比例不得高于工程价款结算总额的3%。合同约定由承包人以银行保函替代预留保证金的，保函金额不得高于工程价款结算总额的3%。 ②在工程项目竣工前，已经缴纳履约保证金的，发包人不得同时预留工程质量保证金。采用工程质量保证担保、工程质量保险等其他保证方式的，发包人不得再预留保证金。 ③缺陷责任期内，由承包人原因造成的缺陷，承包人应负责维修，并承担鉴定及维修费用。由他人原因造成的缺陷，发包人负责组织维修，承包人不承担费用，且发包人不得从保证金中扣除费用
质量保证金的返还	①缺陷责任期内，承包人应认真履行合同约定的责任，到期后，承包人可向发包人申请返还保证金。 ②发包人和承包人对保证金预留、返还以及工程维修质量、费用有争议的，按承包合同约定的争议和纠纷解决程序处理

☑ 习题及答案解析

一、习题

❶ **在建设工程竣工结算审查时，实行总承包的工程，由（　　）编制单位工程竣工结算，在总包单位审查的基础上由建设单位审查。**
   A．总包单位　　　　B．分包单位　　　　C．监理单位　　　　D．具体承包人

❷ 关于工程量清单计价方式下竣工结算的编制原则，下列说法中正确的是（　　）。
   A．措施项目费按双方确认的工程量乘以已标价工程量清单的综合单价计算
   B．总承包服务费按已标价工程量清单的金额计算，不应调整
   C．暂列金额应减去工程价款调整的金额，余额归承包人
   D．工程实施过程中发承包双方已经确认的工程计量结果和合同价款，应直接进入结算

❸ **对于办理有质量争议工程的竣工结算，下列说法中正确的是（　　）。**
   A．已竣工未验收但实际投入使用工程的质量争议按工程保修合同执行，竣工结算按合同变更办理
   B．已竣工未验收且未投入使用工程的质量争议按工程保修合同执行，竣工结算按合同约定办理
   C．停工、停建工程的质量争议可在执行工程质量监督机构处理决定后办理竣工结算
   D．已竣工未验收并且未实际投入使用，且无质量争议部分的工程，竣工结算按合同变更办理

❹ **在工程竣工结算的计价原则中，下列有关其他项目计价规定的描述，正确的是（　　）。**
   A．计日工应按承包人实际完成的工程量计算

B. 暂列金额应减去工程价款调整（包括索赔、现场签证）金额计算，如有余额则归承包人

C. 施工索赔费用应依据发承包双方确认的索赔事项和金额计算

D. 总承包服务费按已标价工程量清单的金额计算，不应调整

⑤ 关于建设工程竣工结算审核，下列说法中正确的是（   ）。

A. 接受委托的工程造价咨询机构从事竣工结算审核工作通常应包括准备阶段、审核阶段、审定阶段、竣工阶段四个阶段

B. 非国有资金投资的建设工程，应当委托工程造价咨询机构审核

C. 承包人不同意造价咨询机构的结算审核结论时，造价咨询机构不得出具审核报告

D. 工程造价咨询机构的核对结论与承包人竣工结算文件不一致的，应提交给承包人复核

⑥ 承包人应根据办理的竣工结算文件，向发包人提交竣工结算款支付申请，该申请包括（   ）。

A. 竣工结算合同价款总额   B. 累计计划支付的合同价款

C. 应扣留的质量保证金   D. 实际应支付的竣工结算款金额

E. 累计已完成的合同价款

二、答案与解析

① 【答案】D

【解析】本题考查的是工程结算。实行总承包的工程，由具体承包人编制单位工程竣工结算，在总包人审查的基础上由建设单位审查。

② 【答案】D

【解析】本题考查的是工程结算。选项A属于措施项目中的单价项目；选项B错误，总承包服务费应依据合同约定金额计算，如发生调整的，以发承包双方确认调整的金额计算；选项C错误，有余额则归发包人。

③ 【答案】C

【解析】本题考查的是工程结算。发包人对工程质量有异议，拒绝办理工程竣工结算的：①已经竣工验收或已竣工未验收但实际投入使用的工程，其质量争议按该工程保修合同执行，竣工结算按合同约定办理；②已竣工未验收且未实际投入使用的工程以及停工、停建工程的质量争议，双方应就有争议的部分委托有资质的检测鉴定机构进行检测，根据检测结果确定解决方案，或按工程质量监督机构的处理决定执行后办理竣工结算，无争议部分的竣工结算按合同约定办理。

④ 【答案】C

【解析】本题考查的是工程结算。选项A错误，计日工应按发包人实际签证确认的事项计算。选项B错误，暂列金额应减去工程价款调整（包括索赔、现场签证）金额计算，

如有余额归发包人。选项D错误，总承包服务费应依据合同约定金额计算，如发生调整的，以发承包双方确认调整的金额计算。

⑤ 【答案】D

【解析】本题考查的是工程结算。选项A错误，接受委托的工程造价咨询机构从事竣工结算审核工作通常应包括准备阶段、审核阶段、审定阶段三个阶段。国有资金投资的建设工程，应当委托工程造价咨询机构审核。竣工结算的审核（造价咨询机构核对的）：①在规定期限内核对完毕，不一致的，应提交给承包人复核；②承包人应提交同意结论或不同意见的说明；③工程造价咨询机构应再次复核：复核无异议的，签字确认，竣工结算办理完毕；复核后仍有异议的，无异议部分办理不完全竣工结算；有异议部分由发承包双方协商解决，协商不成的，按照合同约定的争议解决方式处理。

⑥ 【答案】ACD

【解析】本题考查的是工程结算。承包人应根据办理的竣工结算文件，向发包人提交竣工结算款支付申请，该申请应包括下列内容：①竣工结算合同价款总额；②累计已实际支付的合同价款；③应扣留的质量保证金；④实际应支付的竣工结算款金额。

第六节　竣工决算

7.6.1　竣工决算的概念

竣工决算	即以实物数量和货币指标为计量单位，综合反映竣工项目全部建设费用、建设成果和财务状况的总结性文件，是竣工验收报告的重要组成部分
竣工财务决算	是正确核定项目资产价值、反映竣工项目建设成果的文件，是办理资产移交和产权登记的依据

7.6.2　竣工决算的内容

由四部分组成：竣工财务决算说明书、竣工财务决算报表、建设工程竣工图、工程造价对比分析。

1. 竣工财务决算说明书

作用	主要反映竣工工程建设成果和经验，是对竣工决算报表进行分析和补充说明的文件，是全面考核分析工程投资与造价的书面总结，是竣工决算报告的重要组成部分
主要包括的内容	①项目概况。一般从进度、质量、安全和造价方面进行分析说明。 ②会计财务的处理、财产物资清理及债权债务的清偿情况。 ③尾工工程情况。一般不得预留尾工工程，确需预留的，尾工工程投资不得超过批准的项目概（预）算总投资的5%

2. 竣工财务决算报表

组成部分	用途
基本建设项目概况表	反映基本建设项目的基本概况
基本建设项目竣工财务决算表	反映建设项目全部资金来源和资金占用情况，是考核和分析投资效果的依据
基本建设项目交付使用资产总表	反映建设项目建成后新增固定资产、流动资产、无形资产价值和其他资产价值，是财产交接、检查投资计划完成情况和分析投资效果的依据
基本建设项目交付使用资产明细表	反映交付使用的固定资产、流动资产、无形资产和其他资产价值的明细情况

3. 建设工程竣工图

各项新建、扩建、改建的基本建设工程，特别是基础、地下建筑、管线、结构、井巷、桥梁、隧道、港口、水坝以及设备安装等隐蔽部位都要编制竣工图。为确保竣工图质量，必须在施工过程中（不能在竣工后）及时做好隐蔽工程检查记录，整理好设计变更文件。

4. 工程造价对比分析

内容	对控制工程造价所采取的措施、效果及其动态的变化需要进行认真地对比，总结经验教训。已批准的概算是考核建设工程造价的依据。
主要分析的内容	①考核主要实物工程量； ②考核主要材料消耗量； ③考核建设单位管理费、措施费和间接费的取费标准

7.6.3　竣工决算的编制

基本建设项目完工可投入使用或者试运行合格后，应当在3个月内编报竣工财务决算，特殊情况确需延长的，中、小型项目不得超过2个月，大型项目不得超过6个月。

1. 建设项目竣工决算的编制条件

编制条件	①经批准的初步设计所确定的工程内容已完成； ②单项工程或建设项目竣工结算已完成； ③收尾工程投资和预留费用不超过规定的比例； ④涉及法律诉讼、工程质量纠纷的事项已处理完毕； ⑤其他影响工程竣工决算编制的重大问题已解决； ⑥项目建设单位应当完成各项账务处理及财产物资的盘点核实，做到账账、账证、账实、账表相符

2. 竣工决算的编制依据

编制依据	①国家有关法律法规； ②经批准的可行性研究报告、初步设计、概算及概算调整文件； ③招标文件及招标投标书，施工、代建、勘察设计、监理及设备采购等合同，政府采购审批文件、采购合同； ④历年下达的项目年度财政资金投资计划、预算； ⑤工程结算资料； ⑥有关的会计及财务管理资料； ⑦其他有关资料

3. 竣工决算的编制要求

工作内容及要求	①按照规定组织竣工验收，保证竣工决算的及时性； ②积累、整理竣工项目资料，保证竣工决算的完整性； ③清理、核对各项账目，保证竣工决算的正确性

4. 竣工决算的编制程序

工作阶段	工作内容
前期准备工作阶段	①了解编制工程竣工决算建设项目的基本情况，收集和整理基本的编制资料； ②确定项目负责人，复核建设项目情况的编制计划； ③制定切实可行，符合建设项目情况的编制计划； ④由项目负责人对成员进行培训
实施阶段	①收集完整的编制程序依据资料； ②协助建设单位做好各项清理工作； ③编制完成符合规范的工作底稿； ④对过程中发现的问题应与建设单位进行充分沟通，达成一致意见； ⑤与建设单位相关部门一起做好实际支出与批复概算的对比分析工作
完成阶段	①完成工程竣工决算编制咨询报告、基本建设项目竣工决算报表及附表、竣工财务决算说明书、相关附件等； ②与建设单位沟通编制工程竣工决算的所需事项； ③经工程造价咨询企业内部复核后，出具正式工程竣工就算编制成果文件
资料归档阶段	①完成工程竣工决算编制过程中形成的工作底稿应进行分类整理，与工程竣工决算编制成果文件一并形成归档纸质资料； ②对工作底稿、编制数据、工程竣工决算报告进行电子化处理，形成电子档案

7.6.4 竣工决算的审核

1. 审核程序

审核报告内容	审核说明、审核依据、审核结果、意见、建议
周期长、内容多的大型项目	单项工程竣工财务决算可单独报批，单项工程结余资金在整个项目竣工财务决算中一并处理
财政投资项目	应按照中央财政、地方财政的管理权限及其相应的管理办法进行审批和备案

2. 审核内容

重点审查内容	①工程价款结算是否正确，是否按照合同约定和国家有关规定进行，有无多算和重复计算工程量、高估冒算建筑材料价格现象
	②待摊费用支出及其分摊是否合理、正确
	③项目是否按照批准的概算（预）算内容实施，有无超标准、超规模，超概（预）算建设现象
	④项目资金是否全部到位，核算是否规范，资金使用是否合理，有无挤占、挪用现象
	⑤项目形成资产是否全面反映，计价是否准确，资产接收单位是否落实
	⑥项目在建设过程中历次检查审计所提的重大问题是否已经整改落实
	⑦待核销基建支出和转出投资有无依据，是否合理
	⑧竣工财务决算报表所填列的数据是否完整，表间钩稽关系是否清晰、明确
	⑨尾工工程及预留费用是否控制在概算确定的范围内，预留的金额和比例是否合理
	⑩项目建设是否履行基本建设程序，是否符合国家有关建设管理制度要求等
	⑪决算的内容和格式是否符合国家有关规定
	⑫决算资料报送是否完整、决算数据间是否存在错误
	⑬相关主管部门或者第三方专业机构是否出具审核意见

7.6.5 新增资产价值的确定

1. 新增固定资产价值的确定方法

概念和范畴	①对象：单项工程
	②内容：已投入生产或交付使用的建筑、安装工程造价；达到固定资产标准的设备、工器具的购置费用；增加固定资产价值的其他费用
	③计算：一次交付一次计算，分批交付，分批计算

<table>
<tr><td rowspan="8">计算时应注意的问题</td><td colspan="3">①对于为了提高产品质量、改善劳动条件、节约材料消耗、保护环境而建设的附属辅助工程,只要全部建成,正式验收交付使用后就要计算新增固定资产价值</td></tr>
<tr><td colspan="3">②对于单项工程中不构成生产系统,但能独立发挥效益的非生产性项目,如住宅、食堂等,在建成并交付使用后,也要计算新固定资产价值</td></tr>
<tr><td colspan="3">③凡购置达到固定资产标准不需安装的设备、工器具,应在交付使用后计算新增固定资产价值</td></tr>
<tr><td colspan="3">④属于新增固定资产价值的其他投资,应随同受益工程交付使用的同时一并计入</td></tr>
</table>

		包括内容	计算方法
	⑤交付使用财产的成本	房屋、建筑物、管道、线路等固定资产	成本包括建筑工程成果和待分摊的待摊投资
		动力设备和生产设备等固定资产	成本包括需要安装设备的采购成本、安装工程成本、设备基础、支柱等建筑工程成本或砌筑锅炉及各种特殊炉的建筑工程成本和应分摊的待摊投资
		运输设备及其他不需要安装的设备、工器具、家具等固定资产	仅计算采购成本,不计分摊

	被分摊费用	方法
共同费用的分摊方法	①建设单位管理费	按建筑工程、安装工程、需安装设备价值总额等按比例分摊
	②土地征用费、地质勘查和建筑工程设计费	按建筑工程造价比例分摊
	③生产工艺流程系统设计费	按安装工程造价比例分摊

2. 新增无形资产价值的确定方法

	包括内容	计价原则
概念和范畴	无形资产是指特定主体所拥有或者控制的,不具有实物形态,能持续发挥作用且能带来经济利益的资源。包括专利权、专有技术、商标权、著作权、销售网络、客户关系、供应关系、人力资源、商业特许权、合同权益、土地使用权、矿业权、水域使用权、森林权益、商誉等	
	包括内容	计价原则
无形资产的计价原则	①投资者按无形资产作为资本金或者合作条件投入时	按评估确认或协议约定的金额计价
	②购入的无形资产	实际支付的价款
	③自创并依法申请取得的无形资产	开发过程中的实际支出
	④接受捐赠的无形资产	发票账单金额或者同类无形资产市场价
	入账后,应在其有效使用期内分期摊销,即企业为无形资产支出的费用应在无形资产的有效期内得到及时补偿	

分类		计价方法
无形资产的计价方法	专利权	①自创的，按开发的实际支出计价，包括研制和交易成本；②转让不能按成本估价，应按所能带来的超额收益计价
	非专利技术	①自创的，一般不作为无形资产入账，应按当期费用处理；②外购的，由法定评估机构确认后再进行估价，采用收益法估价
	商标权	①自创的，一般不作为无形资产入账，费用计入当期损益；②购入或转让商标，计价根据被许可方新增的收益确定
	土地使用权	①通过支付出让金获得的，作为无形资产核算；②通过行政划拨取得的，不能作为无形资产核算；③在将土地使用权有偿转让、出租、抵押、作价入股和投资，按规定补交土地出让价款时，才作为无形资产核算

3. 新增流动资产价值的确定方法

概念和范畴	流动资产指可以在一年内或者超过一年的一个营业周期内变现或者运用的资产，包括现金及各种存款以及其他货币资金、短期投资、存货、应收及预付款项以及其他流动资产等
流动资产的主要类别	①货币性资金：是指现金，各种银行存款及其他货币资金，其他货币资金是指除现金和银行存款以外的其他货币资金，根据实际入账价值核定
	②应收及预付款项：包括应收票据、应收款项、其他应收款、预付货款和待摊费用。一般情况下，应收及预付款项按企业销售商品，产品或提供劳务时的实际成交金额入账核算
	③短期投资包括股票、债券、基金，根据是否可以上市流通分别采用市场法和收益法确定其价值
	④存货：主要有外购和自制两个途径。外购的存货按照买价加运输费、装卸费、保险费、途中合理损耗、入库前加工、整理及挑选费用以及缴纳的税金等计价，自制的存货按照制造过程中的各项实际支出计价

4. 新增其他资产价值的确定方法

概念和范畴	其他资产指不能全部计入当年损益，应当在以后年度分期摊销的各种费用，包括开办费、租入固定资产改良支出等
开办费的计价	①筹建期间建设单位管理费中未计入固定资产的其他各项费用以及不计入固定资产和无形资产购建成本的汇兑损益、利息支出
	②按照新财务制度规定，除了筹建期间不计入资产价值的汇兑净损失外，开办费从企业开始生产经营月份的次月起，按照不短于5年的期限平均摊入管理费用中
租入固定资产改良支出的计价	①对租入固定资产的大修理支出，不构成固定资产价值，其会计处理与自有固定资产的大修理支出无区别
	②对租入固定资产实施改良，因有助于提高固定资产的效用和功能，应当另外确认为一项资产。租入的固定资产所有权不属于企业，不应增加租入固定资产的价值而作为其他资产处理
	③租入固定资产改良及大修理支出应当在租赁期内分期平均摊销

一、习题

❶ 用来反映建设项目全部资金来源和资金占用情况的竣工决算报表是（　　）。

　　A. 建设项目竣工财务决算审批表　　　B. 基本建设项目概况表

　　C. 基本建设项目竣工财务决算表　　　D. 建设项目交付使用资产总表

❷ 竣工决算的编制程序分为四个阶段，下列属于实施阶段主要工作的是（　　）。

　　A. 确定项目负责人，配置相应的编制人员

　　B. 协助建设单位做好各项清理工作

　　C. 与建设单位沟通工程竣工决算的所用事项

　　D. 对工作底稿电子化，形成电子档案

❸ 竣工决算文件中，主要反映竣工工程建设成果和经验，全面考核分析工程投资与造价的书面总结文件是（　　）。

　　A. 竣工财务决算说明书　　　　　　　B. 竣工财务决算报表

　　C. 工程竣工造价对比分析　　　　　　D. 工程竣工验收报告

❹ 关于竣工决算，下列说法正确的有（　　）。

　　A. 建设项目竣工决算应包括从筹建到竣工投产全过程的全部实际费用

　　B. 竣工财务决算说明书、竣工财务决算报表两部分又称建设项目竣工财务决算

　　C. 竣工决算是反映建设项目实际造价和投资效果的文件

　　D. 建设工程竣工决算是办理交付使用资产的依据

　　E. 竣工决算不体现无形资产和其他资产的价值

❺ 建设项目竣工决算的内容包括（　　）。

　　A. 竣工财务决算报表　　　　　　　　B. 竣工财务决算说明书

　　C. 投标报价书　　　　　　　　　　　D. 新增资产价值的确定

　　E. 工程造价对比分析

❻ 在竣工决算中，建设项目竣工决算报表包括（　　）。

　　A. 基本建设项目概况表　　　　　　　B. 基本建设项目资金情况明细表

　　C. 竣工财务决算总表　　　　　　　　D. 待核销基建支出明细表

　　E. 待摊投资明细表

二、答案与解析

❶【答案】C

【解析】本题考查的是竣工决算。基本建设项目竣工财务决算表反映建设项目全部资金来源和资金占用情况，考核和分析投资效果的依据。

❷【答案】B

【解析】本题考查的是竣工决算。实施阶段主要工作内容如下：①收集完整的编制程序依据资料。②协助建设单位做好各项清理工作。③编制完成规范的工作底稿。④对过程中发现的问题应与建设单位进行充分沟通，达成一致意见。⑤与建设单位相关部门一起做好实际支出与批复概算的对比分析工作。

❸【答案】A

【解析】本题考查的是竣工决算。竣工财务决算说明书主要反映竣工工程建设成果和经验，是对竣工决算报表进行分析和补充说明的文件，是全面考核分析工程投资与造价的书面总结，是竣工决算报告的重要组成部分。

❹【答案】ABCD

【解析】本题考查的是竣工决算。竣工决算包括固定资产、流动资产、无形资产和其他资产的价值。

❺【答案】ABE

【解析】本题考查的是竣工决算。竣工决算是由竣工财务决算说明书、竣工财务决算报表、工程竣工图和工程造价对比分析四部分。其中竣工财务决算说明书和竣工财务决算报表是核心部分。

❻【答案】ABDE

【解析】本题考查的是竣工决算。建设项目竣工决算报表包括：基本建设项目概况表，基本建设项目竣工财务决算表，基本建设项目资金情况明细表，基本建设项目交付使用资产总表，基本建设项目交付使用资产明细表，待摊投资明细表，待核销基建支出明细表，转出投资明细表等。